高等院校艺术设计类"十三五"规划教材

Layout Design
版面设计

◆ 主　编　葛洪波
　 副主编　盛　蓝

中国海洋大学出版社

·青岛·

图书在版编目（CIP）数据

版面设计 / 葛洪波主编 . — 青岛：中国海洋大学
出版社，2021.4

ISBN 978-7-5670-2793-0

Ⅰ．①版… Ⅱ．①葛… Ⅲ．①版式－设计－教材
Ⅳ．①TS881

中国版本图书馆 CIP 数据核字（2021）第 058378 号

出版发行	中国海洋大学出版社		
社　　址	青岛市香港东路 23 号	**邮政编码**	266071
出 版 人	杨立敏		
策 划 人	王　炬		
网　　址	http://pub.ouc.edu.cn		
电子信箱	tushubianjibu@126.com		
订购电话	021-51085016		
责任编辑	矫恒鹏	**电　　话**	0532-85902349
印　　制	上海万卷印刷股份有限公司		
版　　次	2021 年 5 月第 1 版		
印　　次	2021 年 5 月第 1 次印刷		
成品尺寸	210 mm×270 mm		
印　　张	10.5		
字　　数	186 千		
印　　数	1 ～ 3000		
定　　价	69.00 元		

前　言

　　随着媒体形式的发展，版面设计的范畴也发生了很大的变化。在设计载体上由之前的传统纸媒发展到当今的网络、数字媒体形式。万变不离其宗，版面依旧是平面设计的核心，是视觉传达的重要手段，但在实际运用中却是千差万别的，而设计师要解决的问题是根据内容设计出适合传播又美观的版面。版面设计是将图片、文字等要素进行排列组合，以达到传递信息和满足审美需求的作用。版面设计看似简单，但不能仅仅局限于创意、配色、素材等内容的堆砌，更需要思考设计背后的技巧。版面设计的意义不仅要在新的媒体形式下有技术上的突破，更重要的是能够把技术充分发挥到设计上，能够充分地传达所设计的内容和精神，并表现出设计的独特性，通过设计解决实际问题。

　　本书的编写力求理论和实践融为一体，让学生在学习结束后能够迅速完成优秀的版面设计。因此，本书在编写的过程中注重教学过程中由浅入深、由简至繁的安排，另外，从理论到实践做了新的尝试。本书每个章节内容理论学习紧紧围绕实践展开，通过具体的小元素设计到大的构成，结合到实例的应用，整个教学体系由浅入深、由易到难，丰富而严谨。

　　虽然版面设计的教与学有很多的规律可循，但还是强调在版面设计整体学习的框架下面，熟悉了编排的构成原理等规则下，更要去打破规则，寻找更多的具有表现力的方式、方法。这也是本书希望给到读者的一些启发。

　　本书还具有以下特点：

　　一、本书立足于新的媒体形式下的艺术设计教学改革，内容选材、章节安排、实践要求等都突出了应用技术型的特点，是一本贴近当下新媒体环境下设计、教学、实践的教材。

　　二、本书既遵循了传统的理论教学概念，又突出了实践教学方法，并通过大量最新的国内外优秀案例及实操案例，让学生提高审美品位的同时又能够贴近实际设计实务。

　　非常感谢盛蓝老师为此书编写倾注了大量的时间和精力，也感谢在编写过程中给予帮助的所有同仁。另外，书中采用了很多师生的作品案例，在这里也一并谢过。因资料来源有限，很多优秀案例没有能标注出作者及出处，我们也对这些设计师表示感谢。由于编者水平有限，书中难免会有不足之处，衷心希望能够得到专家与读者的批评指正。

编者

2020 年 8 月

目　录

第一章　版面设计概述

版面设计又称版式设计，是平面设计过程中贯穿始终的重要环节，是视觉传达设计专业的一门极为重要的基础课程。平面设计渗透在设计的各个门类，版面设计又是平面设计的核心基础，因此可以说版面设计是当代设计从业者必备的基本功之一。无论专修于哪个设计类专业，都应具备组织信息进行版面编排的基本能力，因此版面设计是艺术设计专业至关重要的通识基础课。

第一节　版面设计的概念

> 理解设计的含义就是理解元素的造型与内容的传达，并且认识到设计也是注解，是主张，是观点和社会责任感。设计不仅仅是组合、排列和编辑；它是要提升价值和含义，要阐明，要简化，要澄清，要修改，要突出，要改编，要说服，甚至可能要去愉悦。
>
> 设计既是一个动词，也是一个名词。是开始，也是结束。是想象的过程，也是想象的产物。
>
> ——〔美〕保罗·兰德

版面设计是按照信息传达的需要和审美的规律，结合信息载体的媒介特点，在有限的版面空间中合理运用视觉元素与形式法则，将各层级的文字、图形及其他视觉元素加以组合编排的一种视觉传达的设计方法。日本设计家日野永一说："根据目的，把文字、插图、标志等视觉设计的构成要素作美观的功能性配置构成，即为版面设计。"

版面设计关注的是在版面中文字、图形及其他视觉元素的布局，即如何安排这些视觉元素在版面中的位置关系，它直接影响着版面内容的可读性、读者的接受程度与情感体验。版面设计既可以有效地传达设计作品所包含的信息，也可以阻碍信息的传达，优秀的版面设计能够达成信息传达功能与形式美感的统一。所以说，版式设计满足了设计工作中出现的实用性与审美性的需求。优秀的版面设计在满足有效快速地传达信息的同时，也会令读者产生感官上的美感。另外，版面设计也是设计师个人风格和艺术特色的表现渠道，它可以将设计师的理性思维个性化地表现出来。

版面设计由编排设计发展而来，"编"有组织秩序、编辑的含义，"排"由排版、排字引用而来，"编排"一词源于活字印刷。北宋时期毕昇通过使用可以移动的胶泥字块，来取代传统的抄写，开启了伟大的活字印刷时代。其工艺流程是先制成单字的阳文反文字模，然后按照稿件把单字挑选出来，排列在字盘内，涂墨印刷，印完后再将字模拆出，留待下次排印时再次使用。排印工人将一个个的活字按照文稿拼在字盘内的过程称为编排。随着印刷技术和造纸术的发展，特别是印刷术传入西方后，编排设计得到了飞速发展，编排设计也不再仅仅局限于文字的编排组合，而是越来越注重组织文字与图像的关系。19世纪下半叶，西方工艺美术运动将编排设计带入了深入探索与研究的阶段，走过了古典主义、构成主义、包豪斯、现代主义、自由版式风格的发展之路，为现代版面设计不断走向成熟奠定了基础，拓宽了道路。

版式设计的最终目的是展示视觉化的信息，使读者能够轻松并愉悦地获取所有信息，达到与传播载体的充分交流。优秀的版式设计可以将复杂的信息通过梳理整合、有效合理地编排，使版式具备清晰的条理性，使读者能迅速找到其所需要的内容，用悦目的编排方式来更好地突出主题，提高信息的传达效率，使版式达到最佳效果。

第二节　版面设计的应用

早年间，提起版面设计，往往会将其局限于书籍、期刊、报纸等出版物的编排设计，并认为版面设计的工作无非就是排版员的技术工种。这种守旧的观念严重抑制了版面设计作为视觉艺术表现形式的发展，对于版面设计的忽视，使得过去的人们一直生活在视觉污染之中。随着社会的不断进步，物质文化生活水平的提升，人们对于审美的追求与视觉设计的重视，使得人们对于版面设计的观念也悄然发生了转变，版面设计也逐渐发挥起其视觉影响力改变人们视觉生活的方方面面的作用。除传统的平面设计领域以外，近年来逐渐延伸到平面媒体的数字媒体领域，如交互界面设计、网页设计等也无处不以版面设计为依托。另外，相关的设计门类，如环境艺术设计、产品设计、工业设计等，好的版式设计也可以与其相辅相成，为其增光添彩。

一、版面设计在平面设计中的应用

版面设计作为平面设计的核心，无孔不入地应用在平面设计的各个领域，如最为典型的书籍、期刊、报纸等出版物设计，以及招贴设计、广告设计、包装设计、品牌形象设计、信息设计等（图1-2-1至图1-2-6）。

《看（不）见的城市"深双"十年研究深港城市/建筑双城双年展（深圳）十年回顾》

图1-2-1　书籍设计

A *Typographic Odyssey*/John Bresciani/澳大利亚

图1-2-2　期刊设计

DÍNAMO/Rubio & del Amo/西班牙

图1-2-3　报纸设计

2018国际纹样创意设计大赛/非白工作室

图1-2-4　宣传册设计

EISOHOMEM文化主题招贴/João César Nunes/葡萄牙

图1-2-5　招贴设计

妙锦时产品包装/郭玉龙

茶侍/ENJOY DESIGN

图1-2-6　包装设计

二、版面设计在数字媒体领域中的应用

版面设计在数字媒体领域应用的广泛程度仅次于平面设计领域，如网页设计、手机界面设计、影视片头、影视广告、节目包装设计等（图1-2-7至图1-2-11）。

Red Dead Redemption 2游戏界面/Manuel
Rovira/西班牙

图1-2-7 游戏界面设计

MiRUN App界面设计/The Guru Lab/意大利

to do list App界面设计/Top Pick Studio/中国

图1-2-8 手机界面设计

João Marques个人网站/João Marques/葡萄牙

Esperanto服装企业网站/Pavel Tsenev/俄罗斯

图1-2-9 网页设计

《奇葩说》第6季/COMOON

图1-2-10 节目包装设计

THE BLACKLIST/My Tran/美国 *HBO Manhunt*/Mani ja Emran/美国

图1-2-11 影视片头设计

三、版面设计在环境艺术设计中的应用

环境艺术设计过程中有诸多环节会应用到版面设计，如方案图册设计、展板设计、项目标书设计、展示设计、空间导视设计等（图1-2-12至图1-2-16）。

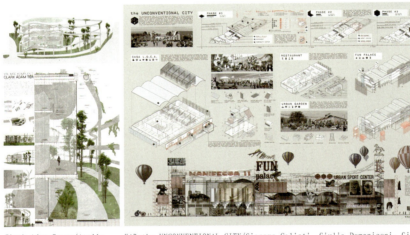

Clark Adam Space/Attila Szekeres/匈牙利

KAR-the UNCONVENTIONAL CITY/Giacomo Calisti, Giulia Domeniconi, Giovanni Maria Laguzzi/意大利

图1-2-12 展板设计1

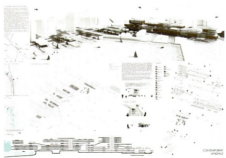

Contemporary Landfalls/Ludovico Luciani, Caterina Mari/意大利

Public Arcade_a pilgrimage to San Miniato/Nhan Bui/美国

图1-2-13 展板设计2

Salty Urbanism/Brooks+Scarpa/美国

图1-2-14　方案图册设计

BOK大楼导视设计/Smith & Diction/美国

Silesian Museum导视设计/Bartłomiej Witański, Aleksandra Krupa, Jakub Cikała/波兰

图1-2-15　空间导视设计

Russia & Germany. From Confrontation to Cooperation Exhibition/büroberlin, Ruth Schroers, Julia Neubauer/德国

Auping/Nine Geertman, DST/荷兰

Chronology of the French History of Immigration/ BORNSTEIN & SPONCHIADO/法国

图1-2-16　展示设计

四、版面设计在工业设计中的应用

版面设计可应用在工业设计领域中的工业产品界面设计、产品介绍、产品名录、产品说明书设计等（图1-2-17）。

Smart Trainer/Yootaek Jung/美国　　Multi Tool/Luna Cagnoni/阿根廷　　Power Dumbbell/Seunghun Shin/美国

图1-2-17　产品设计

第三节　版面设计的流程

版式设计的过程是有计划的、有步骤的、渐进的、不断完善的过程，拿到一个设计项目不宜盲目展开设计，应对设计项目有了充分的了解与分析，再按部就班、循序渐进地展开设计，使设计工作更加顺畅有效地进行。

一、了解设计项目

设计开始之初首先要对设计项目有充分的了解，明确设计项目的主题，搞清楚项目的目的、受众、以何种形式在何处传播等。只有全方位深层次地明确设计项目，才能够准确、有效地进行版面设计。

二、信息整理与分析

将需要传达的信息进行罗列，然后对信息进行分拣并划分优先级。标题的优先级是最高的，接下来依次对其他信息进行优先级排序。划分优先级的目的在于在设计中能够让受众第一眼就看到标题，了解信息传达的核心内容，当受众对标题感兴趣了，才会停下来查找其他需要的信息。

三、构思设计方案与确立表现风格

对需要编排的图文信息进行分析，并对同类型或同主题的设计进行调研，构思设计方案，确定版面设计的表现风格。

四、绘制草图

将构思的设计方案用手绘或电脑草排的方式进行勾画，确定版面的构图形式、视觉流程的引导方式、图文的位置关系等。

五、完成制作稿

确定字体的组合方式、色彩的搭配方案，建立版面的网格结构，制定设计规范，如正文的对齐方式，段落文字与标题、配图的距离，图片的大小与处理方式等，依据网格结构规范版面元素位置，完成细节的深入刻画。

六、检验设计

完成设计稿后，需对作品进行检验。首先，需要检验的是版面的功能，即信息是否得到了有效的传播，体现为版面是否满足信息优先级的传达排序，版面是否形成了合理的视觉流程。其次，对版面视觉美感的检验，字体的组合是否舒适、色彩的搭配是否协调、版面元素的编排是否有序等。最后，根据检验结果对版面进行调整直至完稿。

第二章　版面设计要素

第一节　文字

> 字体编排就是使语言呈现出它的样子。
>
> ——〔美〕艾琳·路佩登

文字是版面设计最基本的要素，不仅是传达信息的主体，也是版面艺术性表现的途径。在一个平面中，点、线、面常作为视觉构成的主要元素，而点、线、面放在一个版面设计中，文字相对于行来说就是点，一行文字相对于段落来说是线，多行文字便可以构成面，再通过对字号、字距、行距的控制，版面会呈现出快慢、缓急的视觉节奏感。在版面设计中，字体的选择、字号的设置、文字间疏密的处理等都能直接影响到读者的阅读体验与信息获取的效率。

一、字体、字号、字距和行距

（一）字体

字体是指字的样式，不同的字体，在视觉风格上不尽相同，给人的心理感受也各不一样。适合的字体能使人感到愉悦，帮助阅读和理解版面信息。字体的选择是版式设计最基础的环节，需要设计师对字体有充分的了解与敏感度，能够根据版式的风格选择相匹配的字体。一个版面中有标题、正文等不同层级的文字，除了可以通过字号的大小来进行区分外，设计师也可根据需要选择各级别适用的字体加以区分，但要避免字体种类使用过多的误区。对于初学者来说，琳琅满目的字体库，让设计者可以充分发挥其选择权，选取字体过多，版面会出现杂乱无章、缺乏整体性的状况。一般而言，一个版面中字体的种类不宜超过三种，多种字体搭配使用的时候，应考虑字体间的协调度，使版面和谐统一。

字体从语系和使用频率的角度可分为中文字体与西文字体两大类别，西文字体也可称为拉丁字体。代表华夏文化的汉字体系和象征西方文明的拉丁字母文字体系形成了当今世界文字体系的两大板块结构。汉字和拉丁字母文字都是起源于图形符号，各自经过几千年的演化发展，最终形成了各具特色的文字体系。

　　字体按其用途可分为正文字体和标题字体，中文的正文字体使用较多的是以宋体为基准的宋体类字体，如方正书宋、方正报宋等，和以黑体为基准的黑体类字体，如思源黑体、汉仪旗黑等，以及楷体、仿宋体。拉丁字体常用的正文字体有与宋体笔画风格相似的衬线体（Serif，在字的笔画开始、结束的地方有额外的装饰，笔画有粗细变化）和与黑体的笔画风格相类似的无衬线体（Sans-Serif，笔画没有额外的装饰，线条粗细较为均匀）。宋体类字体和衬线体由于笔画有粗细变化，字符和字母的负空间具有节奏感，因此在长篇幅阅读的情况下舒适度较佳，不容易疲劳。且由于其笔画起笔与收笔处有装饰角，字体的气质较为严肃、正式，更能彰显文化气息，所以此类字体适用于有较长篇幅正文、设计风格更注重文化性的版面。黑体类字体和无衬线体的笔画粗细较为均匀，转角锐利、线条笔直，因此相比较而言更为醒目且更具现代感，可适用于力量感、现代气息较强的版面（图2-1-1至图2-1-3）。

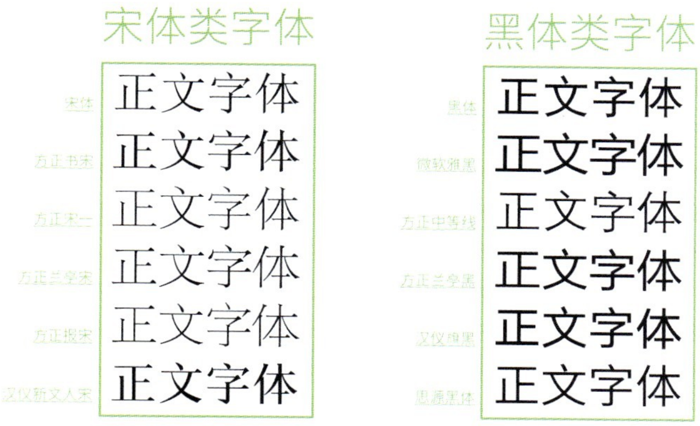

宋体、黑体类字体，是指以宋体字、黑体字为原型开发的字体，在字形结构、笔画细节和起笔收笔等处进行了特别的处理，形成了全新的字体，但依然不失宋体、黑体本身的气质。

图2-1-1　字体1

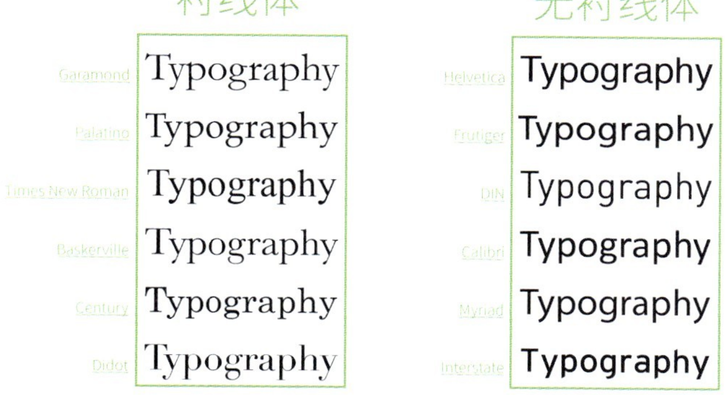

西文字体中几款经典的、使用频率较高的衬线体与无衬线体比较。

图2-1-2　字体2

宋体　Serif

黑体　Sans-Serif

图2-1-3　宋体、黑体与衬线体、无衬线体

　　正文字体和标题字体在阅读的舒适度、文字的辨识度、字形的艺术性与创新性等方面有着明显的差别。正文字体的设计相对中规中矩，需要满足大篇幅文字阅读时的舒适度与辨识度，而标题字体往往需要通过视觉的强化表现来吸引观者的注意，或是通过标题的突出处理使版面层级更为清晰，因此标题字体的风格更具有艺术性和创新性。一般而言，由于一些版面风格的需求，正文字体也可以作为标题字来使用，但由于标题字体在阅读舒适度与辨识度上的缺陷，则不适宜用于正文字。标题字体的风格多样，有手写字体、儿童卡通字体、书法字体、创意字体等。每一款字体都有独特的气质，书法字体能够为版面带来文化气息与个性；儿童字体俏皮可爱；边角锋利、笔画粗壮的字体会给人强硬的力量感；笔画圆润的字体会给人以温柔的亲和力。字体的外形和笔画会给人一些心理暗示，带来不同的感官体验，对标题字体的选择直接影响着整体版面的风格（图2-1-4至图2-1-8）。

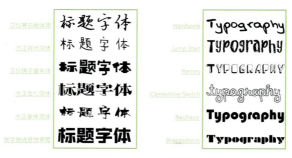

图2-1-4　不同风格的字体呈现不同的视觉效果

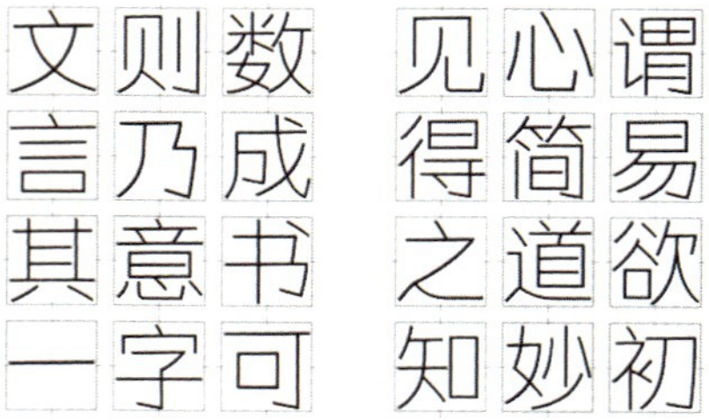

图2-1-5　汉仪字体设计大赛获奖作品
——纤细黑简体（正文组）

图2-1-6　汉仪字体设计大赛获奖作品
——朗清黑体（正文组）

图2-1-7　汉仪字体设计大赛获奖作品
——利黑体（标题组）

图2-1-8　汉仪字体设计大赛获奖作品
——菱锐体（标题组）

每一款字体都有自己独特的风格，而在这种风格下设计出的一系列用途不同的字型便形成了它的字体家族（Font-family），一个字体家族中最基础的字体有常规体（Regular）、斜体（Italic Type）、粗体（Bold）、粗斜体（Bold Italic）。字库中使用频率较高、设计较为成熟的字体都有其庞大的字体家族，如西文字体中的Helvetica、Frutiger、Din、Fira，中文字体中的方正兰亭黑体、思源黑体、汉仪旗黑等。字体家族中的字体有着相同的DNA，即贯穿始终的设计语言。一个版面中，有正文、标题、副标题、注释、装饰用字等不同层级和用途的文字。在选择字体时需要考量的因素很多，例如风格是否会有个性上的冲突、无法搭配的疑虑。在这个时候，选择使用字体家族的系列字体是一个有效的解决途径，因为它是在风格统一的前提之下，发展出的各种不同笔画粗细、角度、比例的字形，让设计师可以选择将各种字体放在版面中的何种位置，如此可以在风格统一的前提下更好地构建版面的层级（图2-1-9）。

图2-1-9　Fira Sans的字体家族与汉仪旗黑的字体家族

（二）字号

字号是指字体的大小，通常使用的计算法有点数制、号数制和级数制（表2-1-1）。其中，点数制是国际通用的标准计算法，以点或磅（Point，缩写为pt）为单位，1pt＝0.35毫米。号数制是将汉字的大小分为七个等级，按一、二、三、四、五、六、七排列，在等级中再增加小字号来进行细分，如小四号、小五号，号数越大字越小。级数制实际上是手动照相排字机实行的一种字形计量制。日本研制的照相排字机首先创用，后为中国的机械照相排版技术采用。它是根据这种机器控制字形大小镜头的齿轮，每移动一个齿为一级，并规定1级＝0.25毫米，4级＝1毫米，一般自7级起始至100级（图2-1-10至图2-1-12）。

表2-1-1　点数制、号数制、级数制对照表

点数	号数	级数	毫米	适用文字层级
42	初号	59	14.8	标题
36	小初号	51	12.7	标题
26	一号	37	9.2	标题
24	小一号	34	8.5	标题
22	二号	31	7.8	标题
18	小二号	25	6.3	标题
16	三号	22	5.6	小标题
15	小三号	21	5.3	小标题
14	四号	20	4.9	小标题
12	小四号	17	4.2	小标题
10.5	五号	15	3.7	正文
9	小五号	13	3.2	正文
7.5	六号	10	2.6	正文、注释
6.5	小六号	9	2.3	注释

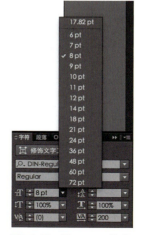

图2-1-10　Illustrator软件中的字号设置界面

字体 Type 72pt
字体 Type　　60pt
字体 Type　　48pt
字体 Type　　36pt
字体 Type　　24pt
字体 Type　　21pt
字体 Type　　18pt
字体 Type　　14pt
字体 Type　　12pt
字体 Type　　11pt
字体 Type　　10pt
字体 Type　　9pt
字体 Type　　8pt
字体 Type　　7pt

图2-1-11　字号比较

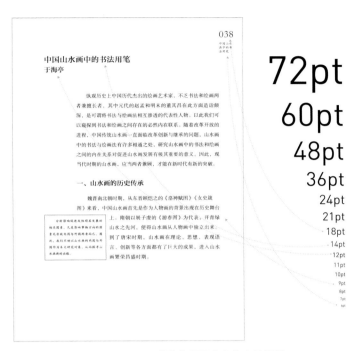

图2-1-12　32开书籍各层级文字的字号设置

另外需要注意的是，字符的笔画和负空间影响着我们对其尺寸大小的感知。用字号相近的衬线体和无衬线体来排列一个句子，尽管字号相同，呈现出的视觉感受却大相径庭。所设置的字号大小与视觉感知的字号的差别会依据字体的不同而相差1～3pt的幅度。

（三）字距和行距

字距是指字与字之间的距离，行距是行与行之间的距离。字距与行距的设置直接影响着阅读的舒适度与效率，字距与行距在一定程度上满足了人们对于阅读空间的需求，设计师也可通过字距与行距的特别设置为版面带来不同的视觉效果。

字词、句子、段落中的字距对于最大限度地集中读者注意力有着至关重要的作用。注意把控统一的灰度值，掌握每种字体与众不同的笔画和空间韵律是字体排版中重要的一环。字体的实形与空白之间的关系定义了特定字体的最佳字距，从而也定义了字词之间、字体线条以及段落之间的最理想间隔。

对于阅读型的版面，也就是有长篇幅文字内容的版面，一般使用默认的字距，不做特别设置。行距的设置应视字号大小而定，对于长篇幅的文字内容行距一般设置为字号的1.5～2倍。若是小于字号1.5倍的行距，在行数较多的情况下，上下文字会相互干扰，容易产生疲劳，影响阅读的舒适度。对于设计型的版面，如凸显设计风格的招贴设计、书籍封面设计等，字距与行距会做一些特别的处理，以呈现不同于常规的视觉效果（图2-1-13至图2-1-16）。

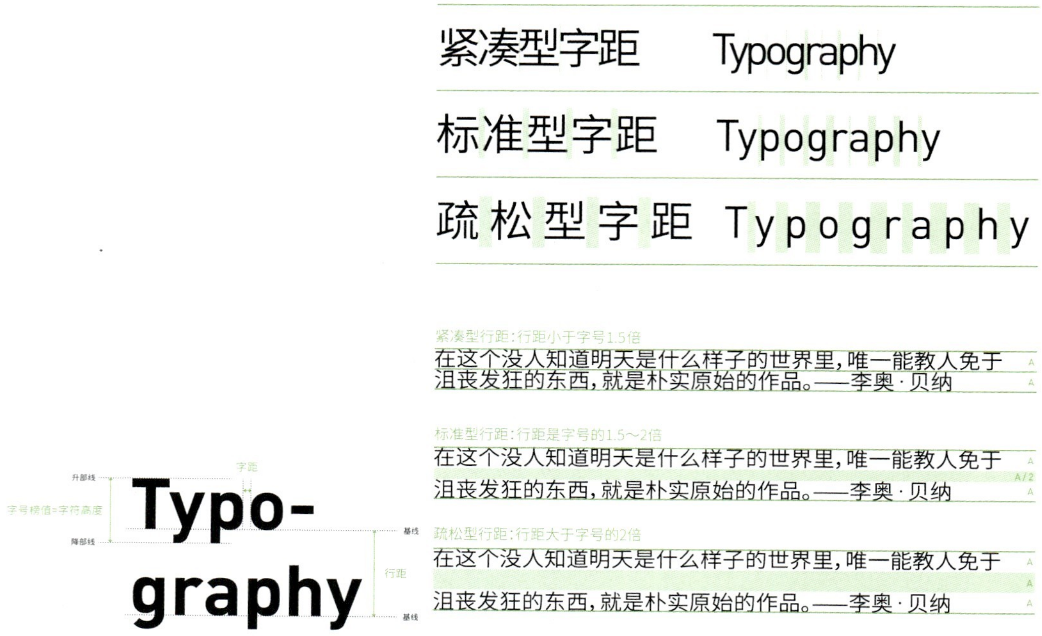

紧凑型字距 Typography
标准型字距 Typography
疏松型字距 Typography
紧凑型行距：行距小于字号1.5倍
在这个没人知道明天是什么样子的世界里，唯一能教人免于
沮丧发狂的东西，就是朴实原始的作品。——李奥·贝纳
标准型行距：行距是字号的1.5～2倍
在这个没人知道明天是什么样子的世界里，唯一能教人免于
沮丧发狂的东西，就是朴实原始的作品。——李奥·贝纳
疏松型行距：行距大于字号的2倍
在这个没人知道明天是什么样子的世界里，唯一能教人免于
沮丧发狂的东西，就是朴实原始的作品。——李奥·贝纳
字距
升部线
字号榜值=字符高度
降部线
Typo-
graphy
基线
行距
基线

图2-1-13　字距与行距的疏密

创作者
手记：
蔡鸣：
拿着相机
写歌的人

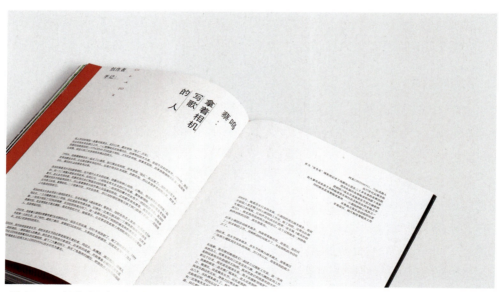

《噪点NOISE · 中国摇滚影像纪录》/铜雀（CB-DESGIN）工作室

图2-1-14　字距、行距的设置

"生于中国 走遍中国"巡演海报/刘痕

未知城市：中国当代建筑装置影像展/广煜

向京个展海报/刘痕

图2-1-15 紧凑型字距、行距的应用

"维度与轨迹"刘玉洁个展/艾米李画廊

温故·非遗展/形而上设计

图2-1-16 疏松型字距的应用

二、文字的图形化应用

文字与图形之间存在着密不可分的依存关系，文字是由图形经过几千年的演变而逐渐形成现代完整的文字体系。从符号学的角度来说，文字是一种特殊的图形符号设计。在现代设计中，设计师越来越重视文字的图形化应用，尤其是在版面的标题设计中，通过文字图形化的设计，不仅传达了主题，还能够增强版面的视觉效果。随着文字图形化的不断挖掘，文字图形化的意义也愈加不同，内容更加丰富，形式更加多样。

要想对文字图形化做到准确到位，首先应该将文字视作图形来处理。文字功能不仅仅是信息的传递，更是一种视觉的载体，具有极强的审美功能与图形魅力。在版面中对文字进行图形化设计，使其既具有文字表意的特性，又具备了图形的直观性和形象性，使版面更具视觉感染力。设计得当的图形化文字能够成为版面的主角，抓住读者的眼球，为读者带来美好的视觉体验，从而留下深刻的印象（图2-1-17至图2-1-19）。

2019海峡两岸（昆山）汉字文化海报设计邀请展1　　2019海峡两岸（昆山）汉字文化海报设计邀请展2

2019中华泉城首届家文化产业文创名品创　　计叙——获奖平面设计师作品展1　　计叙——获奖平面设计师作品展2
意设计大赛暨特邀设计师海报作品展

图2-1-17　文字的图形化应用1

2014 Nuits Sonores音乐节海报/英国

第四届F-H-YU-JEON展览海报/Seungtae Kim/韩国

图2-1-18　文字的图形化应用2

意行2018——气韵东方中韩设计大展海报

新物志展览海报

玩具解剖展 JASON FREENY ASIA

图2-1-19　文字的图形化应用3

三、文字的编排形式

（一）横排与直排

中国古代文献一般都是直排左行，这是从古时简策制度的书写方式保留下来的编排方式。五四时期掀起了学习西方的热潮，中文的直排开始被西文的横排所冲击，特别是中华人民共和国成立后推广简体字之前，出版物逐渐由直排左行转变为横排右行，直至20世纪80年代基本所有的中文出版物都完成了由直排向横排的转换。这一变革为中西文双语的混排提供了便利，为中西文字交流扫清了版面上的障碍。

横排的版面符合眼睛的运动规律，且人的脖颈在水平方向的移动比垂直方向要灵活，因此对于体量较大的文字内容，更有利于阅读的舒适性，因而在现代版面设计中的运用较为普遍。直排由于有悖于阅读习惯，在现代设计中的运用并不广泛。直排这种编排方式常用于标题文字或文字体量较小的正文内容。因其自身的历史感与文化气息，直排也适用于古风的版面（图2-1-20）。

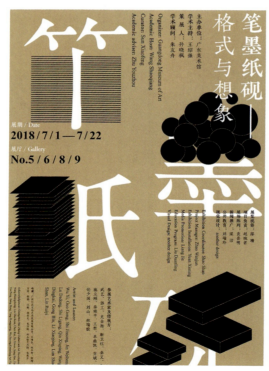
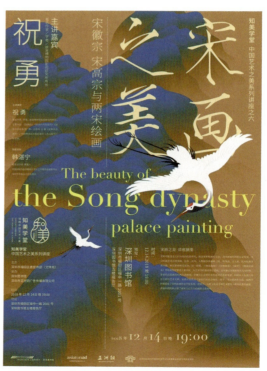

"笔墨纸砚——格式与想象"展览海报　　　　知美学堂 中国艺术之美系列讲座之六海报

图2-1-20　中文的横排与直排

　　西文的编排自古至今都是由左至右的横排，需要注意的是西文的直排并不像中文的逐字垂直编排，而是将单词或段落顺时针旋转90°。但也不排除有一些设计为了营造想要的视觉效果而将西文单词的字母逐字进行强制直排，这样做的前提是便于信息的读取，如字母数量较少或对于读者较为熟悉的词组可做字母逐字直排的处理（图2-1-21、图2-1-22）。

第27届巴西MCB博物馆设计奖/巴西

New York-Amsterdam Pop Up Show/Koen Knevel/荷兰

图2-1-21　西文的横排与直排

纽约冬季爵士音乐节/Luke Syrylo/澳大利亚

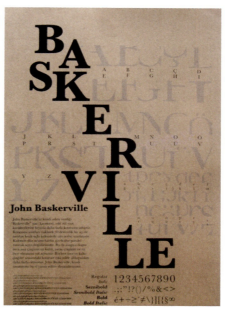

Baskerville字体样本/Tugba Bayslan/土耳其

图2-1-22　单词的逐字直排

在当代一些艺术海报版面设计中，经常可见横排与直排混排的方式，以丰富版面层次、活跃版面调性。在中西双语的版面中也常见西文采用横排，中文采用直排的混排。无论采用何种编排方式，都要以满足版面的功能性为前提（图2-1-23至图2-1-25）。

红地起乌衣，乌衣红曲主题展/马仕睿　　　　　　　漫游者之歌/吴庆轩

图2-1-23　横排与直排的混排1

哥伦比亚GSAPP2018春季系列演讲海报/Mark Pernice，Elana Schlenker/美国

图2-1-24　横排与直排的混排2

罗曼蒂克的写法/吴庆轩　　　　　　　　　目及五维度/吴庆轩

图2-1-25　横排与直排的混排3

（二）对齐编排

在现代版面设计中，文字的编排以横排居多。常用的对齐方式有左对齐、居中对齐、右对齐和左右均齐，其中左右均齐包括四种对齐方式：① 两端对齐，末行左对齐；② 两端对齐，末行居中对齐；③ 两端对齐，末行右对齐；④ 全部两端对齐。左对齐就是按照左边轴线对齐进行编排，左边开头部位在一条直线上，右边根据句子长短自然切断。中间对齐就是以版面的中线为轴线，在中线两边对称编排文字。右对齐与左对齐相反，对齐轴线在右侧，在第一行文字编排完成后第二行开始对齐是在右边。左右均齐的编排方式能够使文字群端正、严谨，是书籍、报纸期刊常用的对齐方式。由于由左而右的阅读习惯，横排文字的编排大多采用齐左的方式，齐右的方式与阅读习惯相悖，但能够在特定的版面中体现新颖的设计感与现代感。居中对齐的版面能突出主题，且庄重沉稳，使人视线集中，在西方一些古籍中常用这种对齐方式，因此也能够给人厚重的历史感，但与其他的对齐方式比起来，居中对齐不太易于阅读，尤其是在篇幅较长的情况下不宜使用这种对齐方式。在直排的排版中对齐方式同于横排，仅是将左右的方向变换为上下。在西文编排中，较少使用左右均齐，通常是行首对齐，而行尾则保留参差不齐的状态。这种编排方式可避免在西文单词强制对齐时字间距过于疏松的情况，并且这种文字的编排方式能够让每一行的文字空间有松有紧、有实有虚，形成自然的节奏感（图2-1-26至图2-1-30）。

图2-1-26　中文的编排方式

图2-1-27　西文的编排方式

Univers字体海报/Carly Cruickshank/美国　　　　filmore/Pouya Ahmadi/伊朗

图2-1-28　对齐编排1

左：左右两段文字分别相对于同一条轴线右对齐和左对齐，形成版面的视觉中心。
右：左右均齐的编排，使得每行单词间的距离各不相同，富有节奏感。

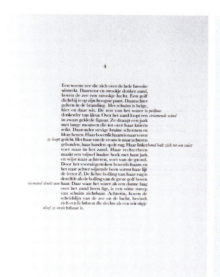

左：左右均齐的编排，在个别行做破开对齐轴线的处理，使文字挣脱文本框的束缚。右：文本采用左对齐，版面的两条对角线形成了四个文本框的对齐轴线，给版面带来全新的视觉效果。

achter de horizon/Dagmar van Wersch/荷兰　　　　Unblinking group show/Parallel Practice/捷克

图2-1-29　对齐编排2

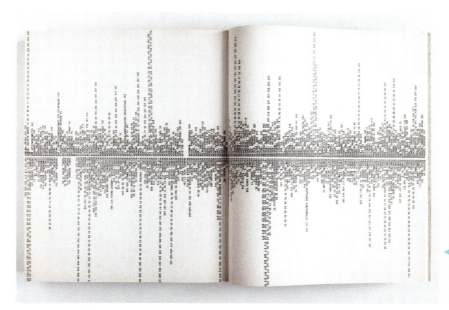

直排的上对齐与下对齐的两段文字以版面水平中心为共用轴线，每行的文字长短不一，疏密有致，为版面带来节奏感。

Die 60er Jahre, Klns Weg zur Kunstmetropole: Vom Happening zum Kunstmark/Kölnischer Kunstverein/德国

图2-1-30　对齐编排3

（三）文本绕排

文本绕排就是将文字围绕着图形进行编排，使文字随着图形的轮廓起伏变化。这种编排方式能够使得文字与图形紧密结合，形成一个有机的紧实的整体，使得画面生动有趣，富有美感，并具有明显的节奏感与亲和力，从而增强读者的阅读兴趣。文本绕排中的图形一般都采用矢量图形或去背图，即只有主体没有背景的图形（图2-1-31）。

 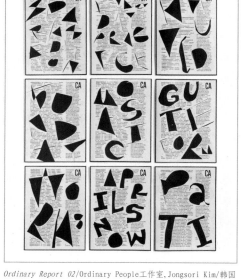

Max Pietro Hoffmann/德国

Ordinary Report 02/Ordinary People工作室,Jongsori Kim/韩国

图2-1-31　文本绕排

（四）自由编排

自由编排即不受编排规则的限制，而是根据版面主题的具体需要进行自由编排，因此版面更具趣味性和富有变化的视觉效果。但自由编排仍需遵循一定的规则，如保证版面的完整度，避免杂乱无章。

在元素间营造模棱两可的状态，可以让读者产生好奇和质疑的感觉，从而展开更深入的探索。具体的设计理念和模糊的表现形态，这两者之间的不吻合，可以提供比较复杂的解释路径，展现更丰富的观赏体验（图2-1-32）。

第十一届全球金蜜蜂图形设计双年展/Peter Bankov/俄罗斯

图2-1-32 自由编排

（五）中英文混排

当今社会不同文化的交流与融合日趋紧密。文字作为文化传播的重要载体，其承载着与世界对话的使命，面对着跨国界、跨文化的受众群体，在同一传播媒体上的多语种的信息传达成为必要。在双语版面中，通常是本土文字和作为国际通用语言的英文进行混排，在中国是中文与英文的双语混排。这两种文字归属于不同的语系，有其各自独立的字形特点，两种文字共存于同一个版面中形成了鲜明的特征。中文的段落文字由长宽相等的方块字结构的单字组合而成，一段文字的形成犹如点矩阵成面。而英文是由字母组合成长短不一的单词，再由单词组合成段落，因此英文的段落更趋向于由线聚合成面。在视觉效果上，两种文字的混排充满着矛盾的对抗和差异的对比。如果对于两种文字字体的选择、字号与间距的处理、版面的构图等方面的处理出现了失误，将会造成信息传达的混乱。但从另一方面来说，中西两种字体的差异和对抗产生了一种既相互排斥又相互吸引的内在张力。

在中英文字体的匹配上，设计师应从字体的风格与视觉效果的匹配度出发做出理性的选择，如中文的宋体类字体应与英文的衬线体配合使用、黑体类字体则应选择英文的无衬线体与之匹配。衬线体与无衬线体的中英文匹配方法是如今最通用的中英文共存的设计方法。宋体类、黑体类、衬线体和无衬线体分别代表着一类字体，每一类字体中又有着丰富的字体可供选择，虽都属于同一类字体，但每一款字体在结构比例、笔画粗细与细节处理等方面都有其自身区别于其他字体的特点。两种文字的选择需要权衡地比较与考量，选择风格与视觉效果最为匹配的字体，从而使版面达到密度均衡、和谐统一的视觉效果。另外需要注意的是，在双语的版面中，有时中英文并不是相对均衡的状态，根据信息传达与受众人群的需要，两种文字会有主次之分。而这种主次关系的调整通常是从文字的字号大小、位置、比例关系、色彩的差异上来进行的（图2-1-33至图2-1-35）。

一天和另一天/非白工作室

图2-1-33　中英文双语混排

2019南国书香节暨深圳书展海报

中国美术学院上海设计学院2016届毕业展海报

图2-1-34　中文为主，英文为辅

2019上海设计之都活动周/虞惠卿　　上海艺术书展/Nod Young

图2-1-35　英文为辅，中文为主

四、文字的跳跃率

　　版面的设计是否能够吸引读者的注意很大程度上取决于文字在版面中的跳跃率。跳跃率是指一个版面中以正文为基准的各层级文字之间的比率。这个比率体现在文字字号的大小、色彩的对比、构图的关系等。不同的文字跳跃率可以给版面带来不同的视觉感受，高文字跳跃率的版面，各层级文字的字号大小或色彩对比强烈，版面具有较强的节奏感和韵律感，给人以强烈的视觉冲击力，能够吸引读者的注意，给版面以直观、醒目的视觉效果。低文字跳跃率的版面则相反，版面中各层级的文字之间对比较柔和，或文字部分内容在整个版面中的比重较小，版面的留白较多。低文字跳跃率的版面可以为整个版面营造精致、简洁、纯粹的视觉效果。在版面设计中，需要合理安排文字的跳跃率，避免版面出现过高或过低的极端的跳跃率，为版面营造既富有动感又协调统一的视觉效果（图2-1-36至图2-1-38）。

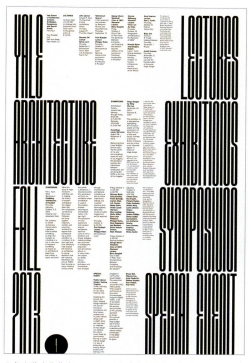

标题文字与正文文字的字号对比强烈，形成高文字跳跃率版面。

耶鲁大学建筑学院2013、2014秋季系列展演海报/Jessica Svendsen/美国

图2-1-36　文字的跳跃率1

标题文字与正文文字的字号与色彩对比强烈，形成高文字跳跃率版面。

TRIO IN CURIO/Craig Hansen/美国　　　　南加州大学建筑学院2018年秋季系列演讲海报/美国

图2-1-37　文字的跳跃率2

纯文字的海报版面，各层级的文字对比关系不明显，形成较低的文字跳跃率。

哈佛GSD演讲海报/美国

图2-1-38　文字的跳跃率3

五、文字的强调

在版面中针对一些比较重要的词组或文字可对其进行大小、粗细、位置、色彩、添加底色或线框等具体变化的处理，以突出文字的重要性。需要强调的文字主要体现在正文重要信息的强调、段落的强调和起到区分层级作用的标题的强调。另外，在书籍报刊中还经常遇见行首的强调与引文的强调。

（一）正文文字的强调

正文文字中的一些重要信息可通过改变文字的粗细、大小、色彩、添加图形元素等方式进行强调。需要注意的是，字体家族中的粗体、斜体都可用于正文信息的强调，但要避免通过软件中的B、I按键进行一键操作的加粗、变斜体，或通过为文字添加描边的方式加粗，因为这种机械的变化会损伤字体的美感。尤其是中文字体，刻意将文字添加描边使其变粗，会使得笔画间的负空间失调，笔画也容易重叠在一起。另外，通常情况下中文是没有斜体的，字体家族也基本是粗细与长宽比例的变化，因此将正文中需要强调的文字刻意地变成斜体会严重影响文字的美感。正文文字中强调的内容不宜过多，过多的强调也就等于没有强调（图2-1-39至图2-1-42）。

图2-1-39　正文文字的强调

CICLO EN SUTURA/Karen Salto/阿根廷

图2-1-40　正文文字的强调：添加底色

Spare Change News/Kevin Chao, Johnny Lee, Michelle Wang/美国

图2-1-41　正文文字的强调：添加下画线

REM KOO1HAAS/Lucas Merkel/阿根廷

图2-1-42　正文文字的强调：文字加粗

（二）段落的强调

在篇幅较长的正文文字中，会有部分段落需要读者特别关注的情况。这种段落的强调可通过改变色彩、添加底色、边框或不同字体的变化来体现，以此告诉读者这一段很重要，也可帮助读者快速浏览、掌握重点（图2-1-43至图2-1-45）。

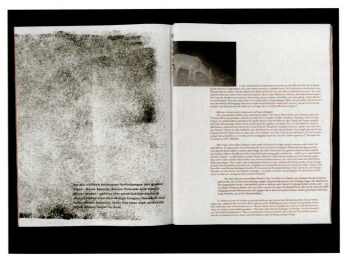

TREIBJAGD/Michael Buchta/德国

图2-1-44　段落的强调：变斜体

Spare Change News/Kevin Chao, Johnny Lee, Michelle Wang/美国

图2-1-45　段落的强调：添加线框

La Prensa/Daniela Matos/葡萄牙

图2-1-43　段落的强调：改变段落色彩

（三）标题的强调

标题的设计在版面中非常重要，标题本身可以起到区分层级关系的作用，能够让读者产生阅读的秩序感，带来喘息的空间，同时标题的设计也可以为版面带来与众不同的设计感。设计师可以通过高文字跳跃率的版面来实现标题的强调，根据内容的需要为标题做各种形式的艺术化处理，使其突出、强化，提高版面信息的传递速度，明确传达主题，增加版面信息的层级引导与强化版面的视觉效果（图2-1-46至图2-1-49）。

图2-1-46　标题的强调

Spare Change News／Kevin Chao, Johnny Lee, Michelle Wang／美国

图2-1-47　标题的强调：增加字号、改变字体

David Lynch／Juan Pablo Dellacha／阿根廷

图2-1-48　标题的强调：增加字号、添加下画线

Trent University Architecture Walking Tour/Josh Nychuk/美国

图2-1-49　标题的强调：增加字号、改变位置

（四）行首的强调

　　版面中除以上三种常见的文字的强调外，行首强调的应用也较为广泛，常见于书刊内文的编排。行首强调起源于欧洲中世纪的一种手写样式，在羊皮上手抄圣经时，会将一篇文章的第一个字母写得非常大，并且使用漂亮的花体字，再配合各种装饰纹样。这种做法被现代版面设计所沿用，将每一段的第一个字或字母放大到两行以上的高度，能够吸引读者的视线，打破单调的阅读秩序，并能够起到装饰与活跃版面的作用（图2-1-50、图2-1-51）。

Novais Teixeira. O Vimaranense Errante/Non—verbal/葡萄牙

图2-1-50　行首的强调：首字下沉1

Ta Take Town I/IV/Kristina Sebejova/斯洛伐克

图2-1-51　行首的强调：首字下沉2

（五）引文的强调

引文内容不同于正文，因此在形式上需与正文相区分，以构成具有条理性且层次丰富的版面。常用的区分引文内容的方式有：使用与正文字体风格差异较大的字体、字号，采用有对比性的色彩，添加线框等。引文有篇首引与段中引两种，表现形式根据版面的设计需要进行设定（图2-1-52至图2-1-58）。

Lettre Internationale/Stefan Thorsteinsson/丹麦

图2-1-52　引文的强调：篇首引，通过改变字体与字号进行区分

TAGASTE/Sergio Hernández Peña/西班牙

图2-1-53　引文的强调：篇首引，通过改变字体、添加线框进行区分

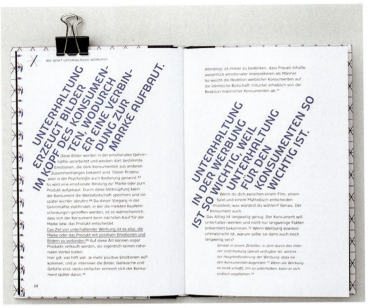

WAS IST GUTE WERBUNG?/Florian Kronenberg/德国

图2-1-54　引文的强调：篇首引，通过改变字体字号、色彩、文字斜排进行区分

Sequence/Sirid Wils/丹麦

图2-1-55　引文的强调：篇首引，通过改变字体字号与色彩进行区分

Novais Teixeira. O Vimaranense Errante/Non—verbal/葡萄牙

图2-1-56 引文的强调：段中引，通过添加线框、使用专色进行区分

Pull-quotes/Nikola Mileta/克罗地亚

图2-1-57 引文的强调：段中引，通过改变字体字号、色彩、添加装饰元素进行区分

Spare Change News/Kevin Chao, Johnny Lee, Michelle Wang/美国

图2-1-58　引文的强调：段中引，通过改变字体字号与色彩进行区分

第二节　图形

　　图形从广义上可以理解为版面中除文字以外所有有形的部分，包括图像、插画、图表、图案、几何图形，这几种图形的形式可以单一或复合的形式应用于版面中。在版面设计中，图形比文字更直接、更具体、更富感染力，能够辅助文字信息的传达，使信息的表达更趋于直观。从视觉角度，图形更容易吸引读者的注意，其信息的传达范围更加广泛，可跨越年龄、语言的障碍，使得信息的传递更快捷、更形象、更直接。

　　在版面中，图形与文字的配合起到相互补充的作用，在以图形为主的版面中，文字起到补充和说明图形的作用；在以文字为主的版面中，图形则起到辅助和说明文字内容、烘托版面视觉效果的作用。图形的不同表现形式在版面中的功能也有所差异。具体而言，图像的表现形式既可以起到补充说明文字信息的作用，也可以作为装饰元素，烘托版面的视觉效果；插画和图表多以配合文字内容为主，与文字内容有较强的对应关系；图案与几何图形则多用于装饰版面、烘托版面氛围。

　　图像是指通过摄影捕捉真实世界的某个瞬间而得到的画面，是对真实世界的记录。在版面设计中，图像的应用可使版面更具真实性与直观性。图像在使用中运用不同的后期处理手法可为版面打造不同的视觉效果。图形在版面中的应用见图2-2-1至图2-2-5。

起到辅助和说明文字内容、烘托版面视觉效果的作用。

Iittala Journal/Agency Leroy/芬兰　　　　　　　　　　*Dogway Skateboard Magazine*/Douglas Rodas/萨尔瓦多

图2-2-1　图像在版面中的应用

起到增加版面层次、烘托版面视觉效果的作用。

Dark Side of Typography/100km studio/意大利

图2-2-2　图案在版面中的应用

起到增加版面层次、烘托版面视觉效果的作用。

The Futurist Kitschen/Garry Calderwood/英国

图2-2-3　几何图形在版面中的应用

奠定版面基调，增加版面的艺术感染力。

Campaign Event Identity/Aya Kudo/美国

图2-2-4　插画在版面中的应用

Recoded City/Lucy Bullivant/英国

> 对文字进行图形化的说明，使文字内容更易于理解。

图2-2-5　图表在版面中的应用

一、图片在版面中的形式

（一）方形图

方形图也称角版图，即图片以方形的形态编排于版心。方形图是图片基本的表现形式，应用最为普遍。方形图给人严谨、规范的感觉，具有庄重、沉稳的品质感。在版面中通常与文本框做对齐编排，使版面具有规整的秩序感（图2-2-6）。

> 方形图严谨规整，根据版面的网格结构编排图片与文字，版面整洁大气。

手艺的维度/非白工作室

图2-2-6　方形图在版面中的应用

（二）出血图

"出血"是印刷用语，出血图是将图片充满版面，延展至版面的边缘，不留留白空间，使版面有向外延伸或扩展的感觉。出血图能够使版面舒展、视野开阔，因不受版面页边距的限制而显得较为自由，无法呈现在版面上的延伸出去的部分可引发与唤起读者的想象力。在做印刷载体的版面设计时，需要注意的是不能将图片中重要的部分放置在版面的裁切处，否则在裁切时极有可能会对其造成破坏（图2-2-7）。

对页中选其中一个页面应用出血图，对页中的两个页面形成版面空间上的对比。

A DESIGN FOR EQUALITY/Garry Calderwood/英国

图2-2-7　出血图在版面中的应用

（三）挖版图

挖版图也叫去背图，即对图片中具体图形的外轮廓进行抠图，并去除背景，只保留图片的主体，图片外轮廓不再受方形外框的限制，能够充分展示图片中主体物的形态。挖版图灵活、富有亲和力，可以起到柔和版面、丰富版面视觉效果的作用。在版面的应用中文字通常与之进行绕排，从而形成紧密的图文关系，使版面生动、极具活力与张力。挖版图在版面中也可与矢量图形或插画相结合，营造新颖的视觉效果，并可以丰富版面的层次（图2-2-8至图2-2-11）。

Le Goût du Risque/BIS Studio Graphque/法国

灵活但不凌乱，更利于版面中的编排，比较自由，给人一种轻松感、亲切感。

图2-2-8 挖版图在版面中的应用1

Color Poster Design Collection/Yaroslav Iakovlev/西班牙

挖版图与几何图形叠加应用于版面，使版面的层次感与设计感更强。

图2-2-9 挖版图在版面中的应用2

挖版图与字母的组合，形成图像与图形相互交织的效果。

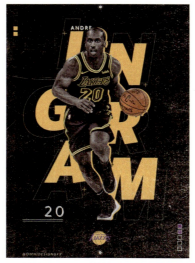

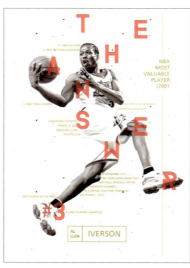

NBA海报/Brandon Lee/美国　　　NBA海报/Bruno Bonamore/意大利　　　Vogelfrei/Veerle/比利时

图2-2-10　挖版图在版面中的应用3

左：挖版图与字母的组合。中：挖版图与插画的组合。右：挖版图与几何图形的组合。

芝加哥大剧院海报/Ogilvy Chicago/美国　　CABINET DE CURIOSITÉS/Mélanie Busnel/法国　　People Poster Design/Yaroslav Iakovlev/西班牙

图2-2-11　挖版图在版面中的应用4

二、图片的主次关系

（一）从信息传达的角度分析主次

当多张图片编排在同一个版面时，在版面设计的过程中要把握好图片的主次关系。信息传达的效率是版面设计的首要任务，因此图片首要是满足版面信息传达的功能性。在没有特别说明的情况下，与文字有对应关系的图片可作为首选的主图，通过图文的对照可以给读者留下深刻的印象（图2-2-12）。

> 版面中，面积最大的图片与文章主题有高度的对应关系，因此作为主图使用，其他图片用于辅助正文的阅读。

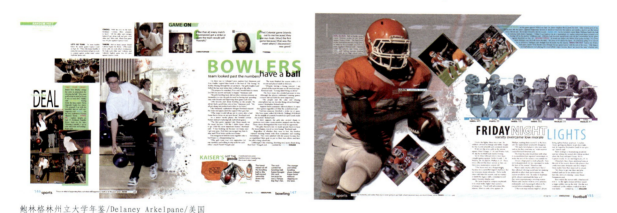

鲍林格林州立大学年鉴/Delaney Arkelpane/美国

图2-2-12　从信息传达的角度分析主次

（二）从视觉效果的角度分析主次

图片的主体形象无外乎人物、动物、植物、静物、风景这几种，不同的主体形象给版面带来的吸引力与视觉冲击力有强弱之分，同一主体的不同形象也会形成不同的视觉效果。通常人物的吸引力往往大于其他的主体，因为在读者读图的过程中可以与图片中的人物形象产生交流，从而加深对版面的印象。其次是具有生命力的动物和植物，静物和风景则更多用于烘托版面的氛围。以人物为主体的图片，越是与读者贴近的形象越能够吸引读者，同一个人，比起全身照，特写图更具有吸引力。同样构图的人物图片，被大众熟知的形象比陌生人更具有吸引力（图2-2-13至图2-2-16）。

将人物的面部特写作为海报的主体，读者与版面中的人物产生眼神的交流，使画面具有较强的吸引力。

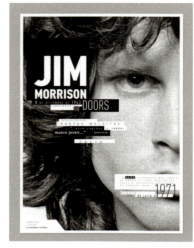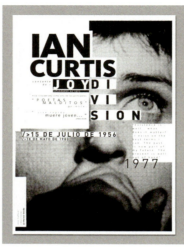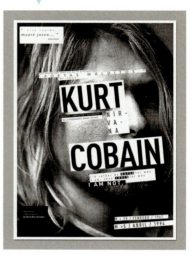

Poetas Malditos del Rock/Matías Chilo/阿根廷

图2-2-13　从视觉效果的角度分析主次1

这一组海报中，主体都是跳跃舞动的人，从左到右，随着人数的减少，距离的拉近，使得最右侧的图片更具吸引力。

Festival Extension Sauvage/法国

图2-2-14　从视觉效果的角度分析主次2

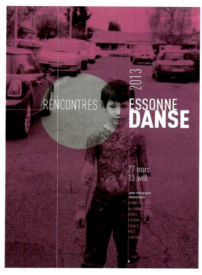

同样是以人物为主体的图片，左图的面部特写比右图的全身像更具吸引力，左图熟悉的形象更加吸引眼球。

约翰·列侬文字海报/Marty Geller/美国

Festival *Rencontres Essonne Danse* les samedi 6 etdimanche 7 avril 2013/法国

图2-2-15 从视觉效果的角度分析主次3

Fire Walk With Me/Otto Om/阿根廷

图2-2-16 以动物为主体的版面

（三）图片主次关系的表现

图片的主次可通过图片的大小与位置关系来进行区分，图片的大小和位置关系直接影响着信息传递的先后顺序，占版面面积相对较大的图片通常更能够吸引读者的注意。图片大小较为均衡时，将主要的图片布局在版面的视觉中心也可以起到优先传递信息的作用（图2-2-17、图2-2-18）。

版面中将主图放大，更能吸引注意并突出其主题，也能与其他图片对比形成层次感。

Kurt Cobain 50 anos-Metro MGA（2017）Tiago Galvão/巴西

图2-2-17　图片主次关系的表现

Making Time/David Wise/美国

图2-2-18　通过图片大小表现图片的主次关系

三、图片的跳跃率

　　图片的跳跃率是指在版面中需编排多张图片时，最大的图片与最小的图片所占版面面积的比率。图片跳跃率高的版面更具活力，富有节奏感与动感。相反，图片跳跃率低的版面会让人感到平静、柔和、雅致。图片应用时的大小比例需根据图片在版面中的主次关系来设置。另外，调整图片的跳跃率不仅需要注意图片的大小，还要关注图片中所含信息量的大小（图2-2-19至图2-2-21）。

Rapha Mondial/Alex Hunting Studio/英国

正文内插入了多张图片与文字对应，编排形式整齐严谨，图片大小变化使版面有了跳跃性。

图2-2-19　图片的跳跃率1

B-Sides Festival 2011/Studio Feixen/瑞士

海报中使用多张图片进行编排，图片的高跳跃率使版面增加了节奏感。

图2-2-20　图片的跳跃率2

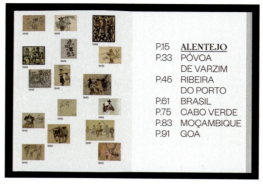

A Experiência do Lugar展览画册/Luísa Silva Gomes/葡萄牙

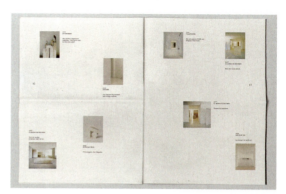

BEIGE DE COULEUR/Kévin Magalhaes/法国

Fearful Harmony/Luke Hoban/新西兰

图片跳跃率低的版面给人平静、柔和的视觉感受。

图2-2-21　图片的跳跃率3

四、图片的裁剪

　　图片的裁剪是图片编辑过程中的一个重要环节。设计师需要对图片进行分析，如图片拍摄时是远景、中景还是近景，图片中的对象是静态还是动态效果，主体物是人物、动物、植物、静物还是风景，色调是灰暗还是明艳等。然后根据版面设计的需要，对图片进行裁剪，裁剪的过程中需要把握图片中的关键信息，裁剪掉部分多余的图像，使关键信息更加突出。另外，也可以通过图片的裁剪使图片形成各种适于版面的比例或外形，使版面的设计更加和谐、富有变化。

（一）提炼图片信息的裁剪

　　图片信息的提炼可通过裁剪使图片由远景变为近景、由全景变为局部、由具象变为抽象，在裁剪的过程中可使得图片中多余的信息得以删减，并能够通过裁剪调整主体物在图片中的构图（图2-2-22）。

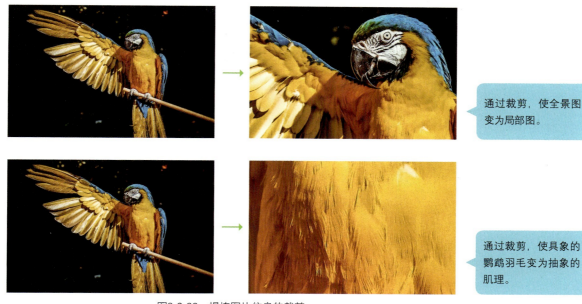

通过裁剪，使全景图变为局部图。

通过裁剪，使具象的鹦鹉羽毛变为抽象的肌理。

图2-2-22　提炼图片信息的裁剪

（二）改变图片外形的裁剪

　　矩形图是图片的原始状态，在版面设计时，可通过裁剪来改变图片的外形以增强版面的生动感、趣味性，增加版面阅读的愉悦体验。外形的裁剪可以是规整的几何形，如矩形、圆形、多边形，也可以是各种形态的异形。每一种裁剪方式都会给版面带来截然不同的视觉感受（图2-2-23至图2-2-29）。

Jazz Event Poster Design/Helmo/法国

The New Yorker-James O'Keefe/Mike McQuade/美国

左：将三个人像图片进行纵向的等份的切割再穿插重组。
右：将人像图片进行横向的等份的切割再错位重组。

图2-2-23　改变图片外形的裁剪1

三角形的图片裁剪，可使得版面充满力量感。

Varg眼镜广告/Ross Sweetmore/英国

图2-2-24　改变图片外形的裁剪2

无规则的图片裁剪，使版面更加灵活、自由。

圆形图可削弱方形图边角的锋利感，给人更加圆润、柔和的感觉。

ArtEZ Architecture Catalog/Isabelle Vaverka/荷兰

图2-2-25　改变图片外形的裁剪3

Epoch Times/美国

图2-2-26　改变图片外形的裁剪4

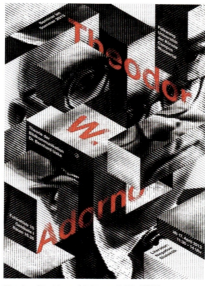

左：展览旨在质疑观看者的感知，在海报的设计上，将艺术家的图像做不规则地裁切后再重组，以试图破坏观看者的感官。右：将图片按一定角度分解成多个平行四边形，再将其与黑白色块进行重组，形成立体空间的特效。

Vincent Paul Yong个展WYSIWYG海报/Iris Martens,Driv Loo,Mag Wong/荷兰

Theodor W. Adorno/Andreas Golde/德国

图2-2-27 改变图片外形的裁剪5

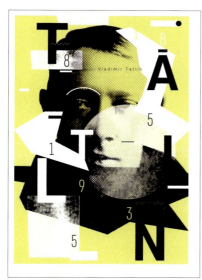

用不规则图形对图片进行裁剪，并与版面中的其他元素有机组合。

Political Collage/Lera Zaitsev/乌克兰

PAN KOT for Theatre Gdynia/Kuki Krzysztof Iwanski/波兰

图2-2-28 改变图片外形的裁剪6

用图案对图片进行裁剪，增加了图形元素的层次感，使图片的外形有趣，更富有装饰性。

Islam Channel Hajj Brochure 2014/Islam Channel/英国

Childhood Education/StockLayouts/美国

TypeCon/Jens Marklund/瑞士

图2-2-29　改变图片外形的裁剪7

五、图片间的组合

图片间的组合是将多张图片根据版面主题所需有机地编排在同一个版面中，多图的组合有利于增强版面的视觉效果，丰富版面信息。图片间的组合形式可呈现有序或无序的状态，我们可将图片间的组合分成规则组合和自由组合两种形式。

（一）规则组合

规则组合是遵循版面中的网格结构来规范图片的布局，按特定的规则进行图片的比例与位置的限定，是一种方便快捷又十分理性的设计方法。这种组合方式可以使版面清晰、规整、富有秩序感。但同时也为设计师带来了很多限制，一味追求规则会使版面呆板、枯燥，失去生机和动感（图2-2-30至图2-2-32）。

图片在版面上依附于网格结构整齐有序地排列，体现了版面的整体性、严肃感、理性感和秩序感。

Jon Reframing/Louisa Gagliardi/瑞士

图2-2-30　规则组合1

将图片、色块、文本在严谨的网格结构中穿插编排，既保持了版面的秩序感，又打破了版面的呆板。

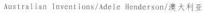

Australian Inventions/Adele Henderson/澳大利亚   Thinking the Edge Water and Culture/Sarp Sozdinler/土耳其

图2-2-31 规则组合2

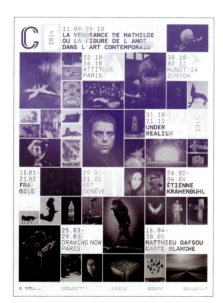
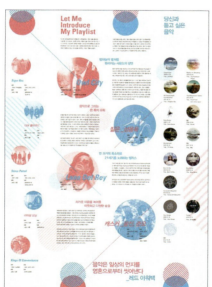

左：图片与文字有秩序地穿插编排，使版面井然有序。
右：圆形图不及方形图规则，但比方形图灵活，图片的组合依然遵循版面的网格结构，有序编排。

Galerie C/Onlab Studio/瑞士   Let Me Introduce My Playlist/Yuminzomi/韩国

图2-2-32 规则组合3

（二）自由组合

　　自由组合是图片没有统一的外形，彼此之间也没有固定的间距，在组合方式上没有统一的标准，这种方式组合的版面设计感强，让人耳目一新。图片的自由组合看似没有章法，实则更加考验设计师的版面协调能力。处理不当，会使版面杂乱无章，为信息的传递造成障碍（图2-2-33、图2-2-34）。

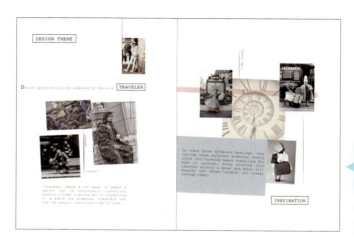

不同尺寸的图片倾斜一定角度编排在版心，文本穿插其中，形成有机组合。

Alexander Wang品牌画册/Javia Chan/美国

图2-2-33　自由组合1

FIFA/Matteo Gualandris/意大利　　　　AGITE（2015）/Jackie Schaab/阿根廷

图2-2-34　自由组合2

　　两种组合方式各有其优劣，选用哪种组合方式需要根据版面的主题与受众来决定。如正式的官方性质的主题就不适宜使用自由组合，而应该使用较为理性严肃的规则组合；针对年轻人群的版面就不宜过于严肃，应尽可能使用具有活力的自由组合。两种方式的选择并非非此即彼，也可相结合使用。在遵循大规则的前提下，可适当打破限制，使得版面既有章可循又富有活力与动感（图2-2-35）。

《咖啡与烟》电影海报

BALLET DE LORRAINE/Les Graphiquants/法国

Harper's Bazaar Brazil-March 2013/美国

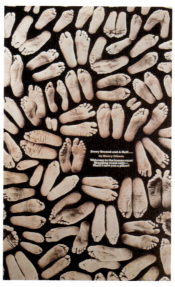

Every Second and a Half/Henry Gibson,
John Divers/美国

图片的组合虽然看不到有严谨的结构，但图与图之间紧密穿插，牢固有序，使版面既有章可循又富有活力与动感。

图2-2-35　自由组合3

六、图片与文字的组合

（一）图文并置

图片与文字之间没有重叠与切割的关系，两者互不侵犯，彼此平等。这种方法能很好地展现图片与文字的特点，读者在阅读时，能直观地感受图片和文字的信息，给人清晰、整洁、稳定均衡、层次分明的版面形式感（图2-2-36）。

New York Times 目录设计/Hallie Bea/美国　　　　Das Auge des Arbeiters/Lamm & Kirch/德国

图2-2-36　图文并置

（二）图文混排

图文混排即图文混合编排，图文混排的形式多样，使用较为普遍的有三种：第一种是图片作为底图，文字根据图片上的元素穿插其中，使图文组合的形式更加有趣；第二种是以图片为主体，文字沿图像的轮廓进行绕排，形成稳固的图文结构；第三种是将图片按文字的外形进行剪切，使两者成为一个整体，你中有我，我中有你。图文混排能够使版面灵动、活泼，且图片能较好地解释、传达文字信息（图2-2-37至图2-2-40）。

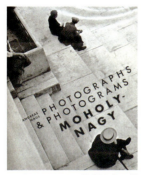

Laszlo Moholy-Nagy摄影展/匈牙利

舞蹈海报/Jordan Hu/美国

《山河故人》电影海报

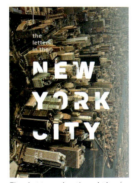

Levi's 海报，1998/Jennifer Morla/美国

沙丁鱼海报/Louis Ansa/法国

The letters in the cities/ Alexander Aubakirov/俄罗斯

将出血图作为海报背景，文字根据图像的特点进行编排，或重叠、或遮挡、或穿插，使图文之间形成有机的组合关系。

图2-2-37 图文混排1

Walsworth Haltom High School校刊/美国

以图片为主体，文字沿着图片被隐藏的部分的外轮廓进行绕排，使文字与图片形成一个完整的图形。

图2-2-38 图文混排2

AN ATLAS OF DRUG ADDICTIONS/Muriz Djurdjevic/瑞士　　Suit up for summer/LaReeca Rucker/美国　　Times New Roman/Pedro Arbeláez/哥伦比亚

文本框的形状为版面中图像缺失部分的形状，文本与图像组合形成完整的图形元素。

图2-2-39　图文混排3

摄影节海报/Tim Walker/英国　　All Our Children/Amy Johnson/美国　　凡·高特展海报/Park Soo Keun Museum/韩国

将标题文字作为蒙版剪切了底层的图像，文字与图像作为一个整体成为版面的视觉焦点。

图2-2-40　图文混排4

七、图片在版面中的色彩调和

版面中的图片色彩影响着整个版面的视觉效果，当图片数量较多或图片色彩过于杂乱影响了整个版面的视觉效果时，可通过对图片与版面的色彩进行适当的调和，使版面协调、美观。图片在版面中的色彩调和可通过图像取色应用于版面或对图片进行去色处理的方式来实现。

（一）图像取色应用于版面

当版面中需要出现指定的插图或图像时，可根据已有的插图或图像的色彩基调来设定版面中其他元素的色彩，从而形成协调的色彩关系。

图像取色是从图像中概括图像的核心色彩，并从中选择适合于版面的配色，这种方式不但可以适用于有图像的版面中，也可用于进行版面色彩搭配的灵感来源（图2-2-41至图2-2-45）。

图2-2-41　从图像中分解色彩

图2-2-42　从名画中分解色彩

器服物佩好无疆——东西文明交汇的阿富汗国家宝藏展海报

雪漠玲珑：喜马拉雅与蒙古珍品展海报

展览的海报，从展品中提炼色彩应用于版面，形成协调的版面色彩关系。

图2-2-43　图像取色应用于版面1

海报的主题与森林有关，找到森林的图像，概括图像的核心色彩，再从中选择合适的配色应用于海报的版面中。

图2-2-44　图像取色应用于版面2

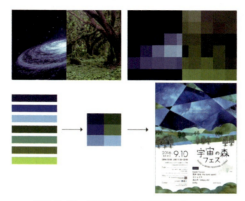

海报的主题与宇宙和森林有关，分别对宇宙和森林的图像色彩进行提炼，从中选择合适的配色进行海报设计。

图2-2-45　图像取色应用于版面3

（二）图像的去色处理

当版面中的图片较多，或图片本身的色彩较杂时，可对图像进行去色处理，从而弱化图片的层次。去色后的图片虽然失掉了图像的本色，但可以为图像的处理带来更多的可能性，从而为版面赋予丰富的艺术效果（图2-2-46至图2-2-49）。

宣言/Luca Longobardi/意大利

将图片处理成灰度，弱化了图片的层次。将图片作为背景，配合纯度或明度较高的色彩，使版面形成鲜明的对比。

Gatorade广告/Diogo Mono/巴西

图2-2-46　图像的去色处理1

在灰度图片之上叠加一层色彩，增加了版面的层次感和艺术感。

Le Corbusier et la photographie/
Supero/瑞士

Future NBA Hall of Famers/
Meech Robinson/美国

Radio Kerman/Quim Marin Studio/西班牙

图2-2-47　图像的去色处理2

将灰度图片填充为另外的色彩，与版面中的其他色彩形成鲜明对比，强化了版面的视觉冲击力。

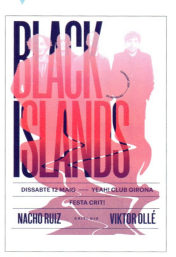

Tactics of Protest Now/Byung-hak Ahn/英国

CTD'A saison 2017/18/Gauthier/加拿大

Black Islands/Quim Marin Studio/西班牙

图2-2-48　图像的去色处理3

将灰度图片填充色彩，使多图的版面形成统一的色调。

2013 Coup de coeur francophone/Sarah Gobeil/加拿大　　　　Animalia/Marisa Passos/葡萄牙

图2-2-49　　图像的去色处理4

第三节　色彩

　　色彩较之图文对人的心理影响更为直接，具有更感性的识别功能。在版面设计中，色彩是版面中最活跃的要素，是先于文字与图形被注意到的。色彩可以营造版面的氛围，增加版面的层次感，营造版面的第一视觉印象。色彩并不是独立存在的，它依托于文字与图形，因此版面色彩的选用必定受制于图文所确定的主体方向。大千世界没有什么能够比色彩更具有如此强烈的视觉刺激，它是一定波长范围内的可见光在肉眼中引起的视觉反应，可以说，由色彩传达的视觉含义是极为主观的。因此如何认识色彩并对其处理、控制，以达到传播的目的，对设计师来说就显得尤为重要。

一、认识色彩

（一）无彩色与有彩色

　　黑色、白色以及由黑色和白色调和而成的各种明度的灰色统称为无彩色。黑色理论上是完全吸收了全色光，白色理论上是全反射全色光的结果。无彩色不具有任何色彩倾向，只有明度的变化，没有色相和纯度的特征。黑、白、灰同时也被称为消色。除黑、白、灰三色外，金、银色也被认为是无彩色，在印刷媒介上，金、银色需要通过特殊工艺与特殊油墨才能得以呈现。但在没有工艺预算的情况下，设计师通常会将金、银色按有彩色来处理，通过色值的调和与在版面中和其他色彩的对比来营造金、银色的效果（图2-3-1、图2-3-2）。

除无彩色以外的所有色彩均为有彩色，有彩色系的种类没有极限。

黑 —————————————▶ 灰 —————————————▶ 白

图2-3-1　无彩色

《英雄有梦》电影海报

通过色值的设置和与版面中其他色彩的对比营造金色的效果。

图2-3-2　金色的效果

（二）色彩的三要素与HSB色彩模式

　　任何有彩色的色彩都具备三个要素，即色相、纯度、明度，计算机中的HSB色彩模式即是通过这三个维度来定义色彩的。HSB是一种基于人眼视觉细胞的色彩模式，其中，H（Hue）表示色相，S（Saturation）表示纯度，B（Brightness）表示明度（图2-3-3）。

　　色相也就是色彩的相貌，是对色彩的命名。它是在不同波长的光照射下，人眼所感觉到的不同的颜色，如红、橙、黄、绿、青、蓝、紫等。在HSB模式中，S和B的取值都是百分比，唯有H是角度，表明色相位于色相环上的位置。在0°～360°的色相环上，红色为0°（360°）；黄色为60°；绿色为120°；蓝色为240°。色相的性质与设计所要表现的内容之间有着直接的联系，如红色是最强有力的色彩，给人兴奋、热烈、冲动的感觉；黄色亮度最高，象征着灿烂、辉煌、权利、骄傲；绿色被看作是一种和谐的色彩，它象征着生命，给人新鲜、朝气、向上、生机勃勃的感觉等（图2-3-4）。

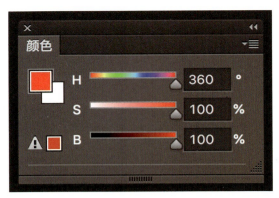
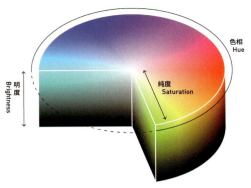

图2-3-3　HSB

图2-3-4　色相环

24色相环，色相环中排列的是没有掺入无彩色的纯色，也就是各色相中饱和度最高的色彩。

　　纯度也称饱和度，是指色彩的鲜艳程度，也就是色相中无彩色分量所占的比例，比例越高，纯度越低，色彩越灰暗。反之，无彩色占比越低，纯度越高，色彩的感觉就越明快。在同一色彩中添加白色、灰色或黑色，都会使其纯度降低。以蓝色为例，纯度为100%的蓝色，其饱和度最高，调入白色后的天蓝色比原本的蓝色明度高了很多，但纯度变低了，同是蓝色系的深蓝色也比原本的蓝色纯度低（图2-3-5、图2-3-6）。

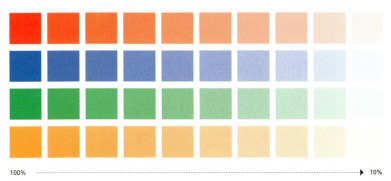

100%　　　　　　　　　　　　　　　　　　　　　10%

最左侧一列是纯度与明度均为100%的纯色，加入不同比例的白色后，饱和度随之降低。

图2-3-5　纯度

图2-3-6　同一张图片不同纯度的对比

　　明度是指色彩的明暗程度，也叫亮度。各种有色物体由于它们的反射光量的区别而产生颜色的明暗强弱。在无彩色中白色的明度最高，黑色的明度最低。在有彩色中各种色相的明度也不相同，有接近白色的高明度色彩，也有接近黑色的低明度色彩，将有彩色的图片进行黑白复印或通过电脑处理成黑白就可以更容易地看出和理解图片中各种色彩的明度。在有彩色中黄色明度最高，紫色明度最低，红色、绿色为中间明度（图2-3-7、图2-3-8）。

最左侧一列是纯度与明度均为100%的纯色，加入不同比例的黑色后，明度随之降低。

图2-3-7　明度

图2-3-8　同一张图片不同明度的对比

（三）RGB与CMYK色彩模式

RGB与CMYK是在版面设计的过程中最常接触到的两种色彩模式，设计师需要根据版面最终呈现的载体进行色彩模式的设置。欲了解何种载体使用何种色彩模式，首先需要理解RGB与CMYK不同的呈色原理。

我们借助载体观看而感知到的色彩，可分为光源在被有颜色的透明体遮挡从而让人感觉到的"透过色"和光照射到物体上反射出来的"反射色"。

透过色是以加色混合的方式，也被称为色光混合，其中红、绿、蓝三种颜色被称为"色光三原色"。色光三原色就是能混合成各种色光的最基本的三种光谱色。随着色光的相加，亮度总是相应增大，红、绿、蓝三原色适量混合可得白光。RGB色彩模式是根据加色混合原理制定的，即通过红（R）、绿（G）、蓝（B）三种颜色通道的变化来相互叠加得到各种各样的颜色。电视、电脑显示器、手机、舞台照明等都采用加色混合原理。

反射色是以减色混合的方式，也被称为颜料混合。色料的原色有品红、黄、青三种，即我们常说的"红黄蓝"三原色，色料三原色适量混合可得黑色。就印刷而言，重复印刷红黄蓝的油墨无法得到自然的黑色，所以会另外加入黑色油墨用于印刷。CMYK色彩模式是根据减色混合原理制定的。CMYK即青色（Cyan）、品红色（Magenta）、黄色（Yellow）、黑色（K）。K取Black最后一个字母，之所以不取首字母，是为了避免与蓝色（Blue）混淆。彩色胶卷、彩色打印和印刷主要采用减色混合原理。彩色印刷中使用的色彩是通过色料三原色加黑色的方式来合成的。

理解了RGB与CMYK不同的呈色原理，可得知RGB色彩模式是发光的，存在于屏幕等显示设备中，不存在于印刷品中。CMYK色彩模式是反光的，需要外界辅助光源才能被感知，它是印刷品唯一的色彩模式。那么如何在版面设计中确定色彩模式，简单来说，一切以显示器为最终呈现的载体都是RGB色彩模式，而一切需要印刷、打印等方式输出的载体都是CMYK色彩模式（图2-3-9）。

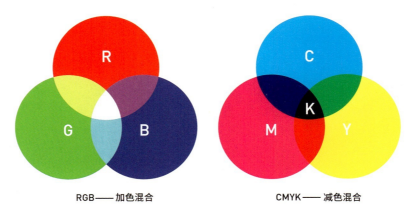

RGB——加色混合　　　　　　　CMYK——减色混合

图2-3-9　RGB色彩模式和CMYK色彩模式

（四）冷色、暖色与中性色

人对色彩具有冷暖的感知，有些色彩让人感觉有暖意，有些则是冷意。色彩冷暖的感觉出于两个原因，一方面是由心理的联想转向生理的感觉。如红色易于让人联想到火焰或灼热的太阳，进而有暖的感觉；蓝色会让人联想到水或冰，因此会产生冷的感觉。另一方面是由于物理上的原因，长波的暖色光携带热能多，而短波的冷色光携带热能少。

在色相环中，暖色是以橙色为核心向两边逐渐过渡到中性色，冷色是以蓝色为核心向两侧逐渐过渡到中性色。中性色以绿色系、紫色系为代表。暖色系的色彩被认为可以提高血压及心跳次数、刺激自律神经系统、引起肌肉的兴奋和冲动、增加食欲等；冷色系则有与之相反的作用。因此在版面设计的过程中，需要根据主体的需要把控版面的色彩冷暖（图2-3-10）。

二、色彩的搭配

色彩可以传达细腻的情感，色彩搭配就是色彩之间的相互衬托和相互作用。合理的色彩搭配能够引起读者的兴趣与共鸣，同时也可以有力地传达出版面所要传达的信息与内涵。掌握好色彩的搭配方法，就能够使版面取得统一、协调的视觉效果。

在色相环中，根据各种色彩在色相环上的位置，可以更加准确、直观地了解色相之间的关系。在24色相环中，取其中一个色相为基色，则与其他色相之间的关系可分为互补色、对比色、邻近色、类似色、同类色5种（图2-3-11）。

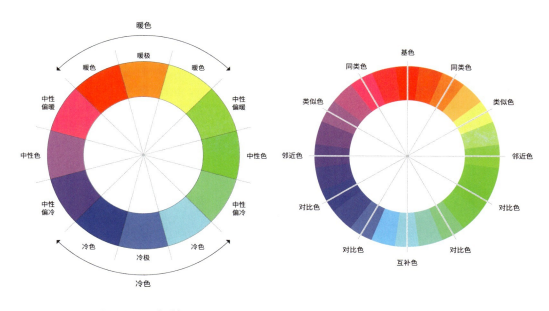

图2-3-10　冷暖色　　　　　　　　　　　图2-3-11　色彩的关系

（一）互补色的搭配

色相环中成180°的两色为互补色。互补色的色相对比最为强烈，画面相较于对比色更丰富，更具有感官刺激性与冲击力（图2-3-12、图2-3-13）。

Sonido Gallo Negro/Jorge Alderete/阿根廷　　　Indie Air Festival 2015/法国

图2-3-12　互补色的搭配1

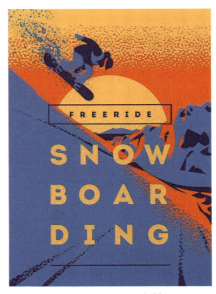 

单板滑雪海报/Alexander Baidin/俄罗斯　　　Saudade/mostarda em pó/巴西

图2-3-13　互补色的搭配2

（二）对比色的搭配

与基色间隔120°～180°的色彩为基色的对比色。对比色的搭配是色相的强对比，其效果鲜明、饱满，容易给人带来兴奋、刺激的快感。对比色的版面常被用来表达随意、跳跃、活泼的主题，以吸引读者的注意（图2-3-14）。

抗击乳腺癌海报/F/NazcaSaatchi,Saatchi/巴西　LES SALINE/Avant Post/法国

图2-3-14　对比色的搭配

（三）邻近色的搭配

与基色间隔60°～90°的色彩为基色的邻近色。邻近色的对比相对较弱，既可以保持画面的统一感，又能够使画面丰富、活泼。可增加纯度和明度的对比，丰富画面效果。这种色调的主次感能够增强配色的吸引力（图2-3-15、图2-3-16）。

IABC/Wallyson DE OLIVEIRA/哥伦比亚

图2-3-15　邻近色的搭配1

Tranzitdisplay/Edwin Studio/捷克

Festival Cinéma Repérages/Est Ensemble/法国

ADK Stuttgart tour 2015/Timm Henger, Fabian Krauss/德国

图2-3-16　邻近色的搭配2

（四）类似色的搭配

与基色间隔30°～60°的色彩为基色的类似色。类似色的搭配可营造画面的统一与协调感，呈现和谐、柔和的视觉效果。由于搭配效果相对较平淡和单调，可通过色彩的明度与纯度的对比，达到强化色彩的目的（图2-3-17）。

Sport at the Service of Humanity/Carosello Lab/意大利

图2-3-17　类似色的搭配

（五）同类色的搭配

与基色间隔0°～30°以内的色彩为基色的同类色。因为同类色之间的差别较小，常给人单纯、统一、稳定的感受。在使用中可点缀少量对比色，使画面具有亮点（图2-3-18）。

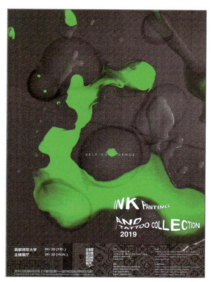

2019北京国际设计周水墨与纹藏——国际设计特色作品展海报

图2-3-18　同类色的搭配

三、色调的选择

选择什么样的色彩进行版面设计，很大程度上取决于版面所要传达的信息。选择色彩需要考虑的因素有版面的服务对象、受众人群、主题内容、已有的插图与图像的色彩基调等。色彩在版面中充当着重要的情感元素，每种色彩都有很深刻的文化积淀。在版面设计过程中需要考虑所用色彩的强弱，当一种色调成为主角时，它可以决定作品的文化方向，决定版面的基调。准确地选择色调，可以使读者在第一时间就能够感受到设计主题所要表现的氛围和感受（图2-3-19）。

常用于版面设计的色调有纯色色调、明色色调、淡色色调、浊色色调、淡浊色色调、暗色色调等，不同气质的色调可以营造不同的版面情绪与视觉感受。确定版面色调的前提是，首先要明确不同色调的基本特征，再根据服务对象的要求、受众的审美取向、主题的氛围营造制定一组合理的色彩方案。通常色调之间会搭配使用，如浊色色调搭配纯色色调、暗色色调搭配纯色色调、纯色色调搭配明色色调等。进行搭配时，所占面积较大的为主色调，与之配合的为辅助色（图2-3-20）。

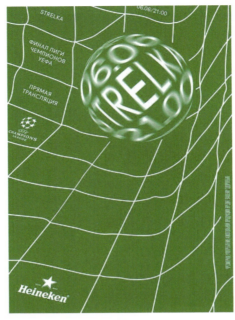

根据品牌标准色选择版面色彩，如
知乎的蓝色，喜力啤酒的绿色。

UEFA Champions League at Strelka
Institute/Anna Kulachek/俄罗斯

图2-3-19　色调的选择1

纯色色调	健康 积极 激烈	
明色色调	清爽 明快 年轻	
淡色色调	天真 柔软 幼儿	
浊色色调	成熟 稳重 优雅	
淡浊色色调	都市 优雅 女性	
暗色色调	格调 力量 冷静	

图2-3-20　色调的选择2

（一）纯色色调

　　纯色色调是由饱和度较高的色彩组合而成的，纯色的色彩如大自然中花卉、果实、鸟类、海底鱼类的彩色，具有强烈的生命力与活力，给人以积极、开放、热情的视觉感受，常应用于节日、青春、运动、儿童题材的版面中（图2-3-21、图2-3-22）。由于使用的色彩饱和度较高，若色彩数量较多且没有对色彩进行合理的配比，会使版面僵硬、不协调，因此纯色色调的营造通常是以纯色作为主色，并辅以饱和度较低的色彩作为辅色，从而达成一种稳定的效果。

1-2-3-HELSINKI DESIGN en SEINE/
Werklig/芬兰

DJ Rdp Sizzurp 3.0/Andrea Dell'Anna/
意大利

New Year's Eve in Kraków 2017/Marta
Gawin Studio/波兰

图2-3-21　纯色色调1

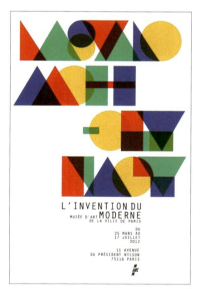

左：纯色色彩叠加部分形成暗色，使版面增加了沉稳的感觉。右：纯色作为主色，并以饱和度较低的色彩作为辅助色。

Moholy Nagy展览海报/Elise Hannebicque/法国

"Visions of the Future" NASA海报/Jet
Propulsion Laboratory/美国

图2-3-22　纯色色调2

（二）明色色调

明色色调是在纯色的基础上加入白色成分得到的色彩。明色色调削弱了纯色色调的激烈与娇艳，更显清新、干净，更具有亲和力。明色色调常用于表现柔和、干净的主题。明色在版面设计的运用中既可以作为主色，也可以作为辅助色。作为主色时，并不十分稳定，但如果以两种明色作为主色，配合小面积的其他色彩，也可以形成相当协调的配色。作为辅助色时，可用在暗色色调中作为点缀，也可用在纯色色调中作以调和（图2-3-23、图2-3-24）。

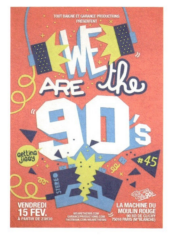

We Are The 90's/Skin Jackin'/法国

The Epic Ban.Do活动海报/美国

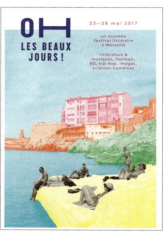

OH LES BEAUX JOURS/L'Atelier 25/法国

图2-3-23　明色色调1

诚品书店海报

Muro music festival 2017/Giovani Flores/巴西

左：明色在暗色色调中作为点缀。
右：明色在纯色色调中作以调和。

图2-3-24　明色色调2

（三）淡色色调

　　纯色色调加入白色的成分得到明色色调，明色色调进一步加入白色得到淡色色调。淡色色调轻柔、纯洁、冷静，但也会让人感到高冷。淡色色调是一种没有杀伤力的色调，适用于婴幼儿主题的版面，轻柔无害。轻柔的色彩会让人感到平静、安详，自带一种与世无争的气质。由于淡色色调色彩偏淡，也会带来一种飘忽不定的不确定感，版面因此会显得轻浮，没有力量。因此淡色色调可以选用浊色、暗色作为辅助色，从而增加版面的力量感（图2-3-25）。

Lunchtime Talk展览海报/Klaus Birk/德国

图2-3-25　淡色色调

（四）浊色色调

　　浊色色调是在纯色色调中加入灰色成分得到的色彩，浊色给人老练、成熟、稳重、朴素的视觉感受，带有浓郁的文化气息和智者的气质，适用于文化类和奢侈品主题的版面。由于浊色中的灰色成分，会使浊色色调有一种时代感和历史感，因此浊色色调也可用在需要表现复古感的版面中。在使用时，需要把控好色彩中灰色的成分，灰色过重会使版面暗淡没有生机。浊色色调也可与明色或淡色色调搭配使用，从而形成稳定和谐的色彩关系（图2-3-26）。

  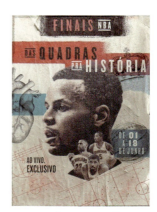

BBC Proms on Behance/Sam Barcham/　Cervejaria Suinga: Mashup/Raro!/巴西　FINAIS NBA/Pict Estúdio/巴西
英国

Paul McCartney "Angry" 单曲海报/巴西　The Breakfast Club/Matt Taylor/英国　Modular Structures/Daliah Ammar/美国

图2-3-26　浊色色调

（五）淡浊色色调

纯色色调加入灰色成分得到浊色色调，淡色色调加入灰色成分得到淡浊色色调。淡浊色与浊色给人的视觉感觉比较相似，都具有浓郁的文化气息。淡浊色更加柔和、优雅。淡浊色色调兼具了淡色色调的安静、高冷与浊色色调的朴素、稳健，有很强的包容力与亲和力，但不适宜应用在表现繁华、热闹气氛的版面，表现高雅、个性、文化气质的版面均可以选择使用淡浊色色调（图2-3-27）。

（六）暗色色调

纯色色调加入黑色的成分得到暗色色调，暗色色调给人庄重、深邃、沉着、深沉的视觉感受。时尚、商务主题的版面常使用暗色色调，如手表、首饰、汽车等商业广告，暗色色调可用以衬托产品的品质感与工艺的精湛。暗色色调需要与其他色调搭配使用，通常暗色作为主色，其他色彩作为点缀色（图2-3-28）。

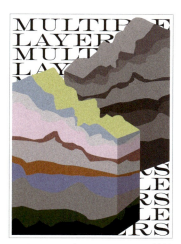

Multiple Layers/Marina Lewandowska/波兰

Jazz Café/Joseph Lebus/英国

Typosters/Mohamed Samir/新加坡

图2-3-27　淡浊色色调

《张公案》电视剧海报

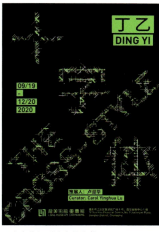

"十字体"丁乙个展海报

阿富汗国家宝藏/郑州博物馆

Raindance & Spend The Night present/Luke Vibert/英国

版面中的色彩数量较少，整体色调偏暗，以明色或淡色作为点缀色，版面呈现出纯粹、精致、高品质的印象。

图2-3-28　暗色色调

四、版面色彩的调和

色彩调和的目的是通过调和的手段使版面最终形成和谐舒适的色彩关系，协调的色彩能使读者产生安心的视觉感受。色彩调和的方法很多，可通过调整色彩属性、添加色彩、融合色彩等方式。色彩调和可总结为色彩属性的调和、无彩色的调和、点缀色的调和、渐变色的调和以及透明度的调和这五种方式。

（一）色彩属性的调和

色彩属性的调和是指加强色彩属性间的共性以形成协调的色彩关系，共性是指色相一致、纯度一致或明度一致。色相一致的配色是指在色彩设计上全部以相同色相来统一版面，但并不是单一色彩，而是同一色相可以有明度与纯度的变化。如迷彩服的配色，所呈现的色彩都是色相环上位置相近的颜色。利用同一色相做明度、纯度变化的配色。同理，纯度一致与明度一致也是同样的配色原理。纯度一致是指被选定的各色彩的纯度相同，基调一致，从而容易达成统一的视觉效果。明度一致是指被选定的各色彩的明度相同，可使版面达成含蓄、丰富和高雅的色彩关系（图2-3-29）。

左：色相一致。中：纯度一致。右：明度一致。

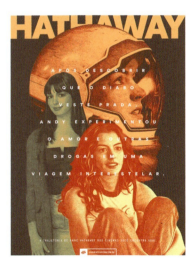

Hathaway/Livrarias Curitiba/巴西

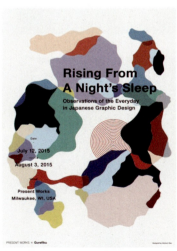

Rising From A Night's Sleep/Hirofumi Abe/日本

Hunger auf Kunst und Kultur/Gilbert SCHNEIDER, Tobias WENIG, Karolina PIETRZYK/奥地利

图2-3-29　色彩属性的调和

（二）无彩色的调和

无彩色主要是指黑、白、灰三色。黑色比暗色更神秘，并且带有严肃、神秘的视觉感受，在任何配色的版面中都能够起到稳定版面的作用；灰色深沉、高级、不偏不倚；白色简约、干净，并有着最大化的开放性。黑、白、灰三色使版面更加稳定、丰富，是天然的调和色。当版面中使用的色彩过分强烈或色彩之间混乱不清时，可使用无彩色将各色彩区域进行分隔，使之既相互关联又相互隔离，形成协调有序的版面效果。另外，无彩色也可应用为版面的背景色，黑色或深灰色应用于背景时可以衬托版面信息，白色作为背景时可使版面更加开阔。由于白色在所有色彩中明度最高，因此白色也可应用于彩色背景中作为点缀色，起到突出版面信息的作用（图2-3-30）。

左：当画面中有多种色彩时，黑色是非常棒的调和色，它可以统一凌乱的色彩分布，让画面有重心、有秩序。中：黑色作为背景，使得前景色更明艳。右：杂乱的背景图案上使用白色色块突出版面中的文字信息。

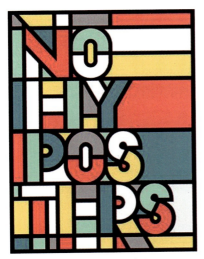

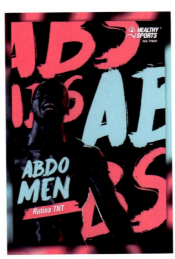

No Fly Posters/Hey Studio/西班牙　　　　Healthy Sports/Leandro Cardona/哥伦比亚　　　我们谈谈讲座海报/LensAss/比利时

图2-3-30　无彩色的调和

（三）点缀色的调和

在色彩关系较平的版面中使用与主色相衬托的色彩作以点缀，从而丰富版面的层次感，并可以通过点缀色突出版面中的重要信息。点缀色与版面主色之间通常是对比的关系，如色相对比、明暗对比等，因此点缀色在暗色色调的版面中尤为常见（图2-3-31）。

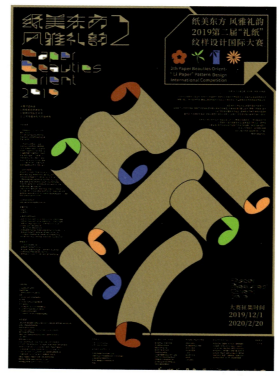

纸美东方 风雅礼韵——2019年第
二届"礼纸"纹样设计国际大赛

图2-3-31　点缀色的调和

（四）渐变色的调和

当版面中使用的色彩过分强烈时，可运用渐变色将不同色相、明度和饱和度的色彩组织起来，形成有韵律的、有节奏的版面效果，使原本对比强烈、刺激的色彩关系得以缓和，使原本杂乱无章、自由散漫的色彩由此变得有条理、有秩序，从而达到统一调和（图2-3-32、图2-3-33）。

CCSA包豪斯讲座海报/德国

Convergences/Nikhil Bourdereau/法国

Beach House Summer/DusskDesign/英国

图2-3-32　渐变色的调和1

24 Hours of Vinyl-Montreal Nuit
Blanche/法国

Mindful Joint 2017/EVERYDAY PRACTICE/韩国

Wave Festival 2012/Clément
Chaussier/比利时

图2-3-33　渐变色的调和2

（五）透明度的调和

将相互交织着的色彩进行降低透明度或叠底的处理，从而取得中间过渡的色彩，使色彩之间形成你中有我、我中有你的穿透力，消除色彩间的对立与尴尬，彼此渗透与融合（图2-3-34）。

里昂国家剧院海报/Graphéine/法国

Le Théâtre d'Auxerre剧院杂志/Auxerrele
Theatre/法国

图2-3-34　透明度的调和

五、色彩心理学

色彩含有丰富的心理信息，与人类的本能在生物学上有着深度的联系。波长不同的色彩对我们的神经系统具有不同的影响。例如，暖色中的红色和黄色的波长比较长，因此它们进入我们的眼睛和大脑时，我们需要更多的能量来处理，随之增加的能量和新陈代谢的速度可以解释为一种刺激。相反，冷色系的波长比较短，如蓝色、绿色和紫色，处理它们所需的能量远远小于暖色，因此使人感到宽心，具有镇静的效果。

然而色彩的心理特性还与观看者的文化背景和个人经历有着巨大的关系。许多文化背景下的人们把红色等同于饥饿、愤怒或能量，因为红色容易让人联想到血肉。而在中国历史文化背景下的我们，还会同时联想到婚庆、吉祥、新年等，这就是心理认知的地域性和文化性。

观看者在试图理解和辨认图形时，往往很容易将注意力聚焦在色彩上。比较图2-3-35的两个圆，猜猜哪一个代表太阳，哪一个代表地球，相信不同年龄、不同性别、不同地域、不同文化的背景下的人们的答案均是一样的，由此可见色彩对于人类通识性的影响力。

图2-3-35　不同颜色的圆

以下列举一些常用色彩的心理特性以供参考。

红色在极大程度上刺激了我们的自主神经系统，可引起"对抗"或"逃避"的刺激反应，使人产生饥饿感或冲动感；也具有热情和刺激的感觉，极易引起人的注意。

蓝色因为波长短而具有镇静的作用，给人以安全感。因为蓝色在自然界中代表天空和海洋，因此给人以可靠和深远的感觉。据统计，蓝色是所有颜色中最令人喜爱的色彩。

与其他颜色相比，黄色在空间中具有前进感，并且还会使其周围的色彩都生动起来。黄色可促进有条理的思考和持久的记忆力。比较明亮而偏绿的黄色使人产生焦虑感，而深黄色使人联想到财富。

褐色使人联想到泥土和树木，使人产生舒适感和安全感。褐色具有可靠的心理特性，给人以永恒的感觉。另外，它还具有粗糙、原生态和勤恳的自然特性，常常代表坚韧可靠。

紫色有时让人感到妥协，也让人感到神秘和难以捉摸。紫色的明度和色相极大地影响了它的传播：深紫色易让人联想到死亡；暗淡偏冷的紫色易让人产生梦幻和怀旧的感觉；色相偏红的紫色则会显得生动而积极。

绿色是光谱上最让人放松的颜色。它容易让人联想到自然和草木，使人欣喜。越明亮的绿色越显得年轻且有活力；深绿色暗示了经济的稳步增长；偏于中性的绿色也会使人联想到疾病和腐朽。

灰色让人感到不明朗，但同时也显得正式、有品格以及权威。灰色缺少其他色彩特有的情感特征，显得冷淡、孤零。而银灰色易让人联想到技术，代表精确、支配和老练。

第三章　版面的编排构成

第一节　版面的图版构成

一、开本与版面

（一）开本

　　在进行版面设计之前，首先要确定的是版面尺寸，在纸质印刷品中我们称之为开本。"开本"是出版业中专门用以表示书刊幅面大小的行业用语，指用全张印刷纸开切的若干等份，开本的大小以"开数"来区分，这就意味着每种开数都是有区别的，分别是下一种开数的2倍，是前一种开数的1/2倍。开本大小受到国际国内的纸张幅面影响，因此虽然被分切成同一开本，但其规格的大小却不一样。在实际生产中常将幅面为787mm×1092mm的全开纸称为正度纸，将幅面为889mm×1194mm的全开纸称为大度纸。由于国内造纸设备、纸张及已有纸型等诸多原因，正度纸与大度纸均不同于ISO国际纸张标准尺寸，ISO国际纸张标准的全开尺寸为841mm×1189mm，国内使用的大度纸与国际纸张标准尺寸较为接近。纸张标准尺寸的应用让设计师和印刷厂之间沟通起来变得非常便捷而高效，国内的印刷设计通常以正度或大度尺寸作为标准。国际间最常使用的是ISO所制定的标准，此标准的特点是纸张尺寸的长宽比均为1：$\sqrt{2}$，并将其分为A、B、C三个系列，A系列多为办公纸张用途，A4最为普遍；B系列多见于卡片、本子等用途；C系列多用于信封等。数字0代表全开，即A0、B0、C0，对开成两等份分别得到A1、B1、C1，以此类推分别可得到A2～A8、B2～B8、C2～C8（图3-1-1、图3-1-2和表3-1-1）。

图3-1-1　开本1

图3-1-2　开本2

表3-1-1　不同尺寸纸张的用途

尺寸	用途
A0、A1	海报和技术图纸（如蓝图）
A1、A2	会议活动挂图
A2、A3	图表、绘画、大型表格和电子表格
A4	杂志、信件、表格、宣传折页、复印、激光打印和日常使用
A5、B5	笔记本、日记本
A6	明信片
B5、A5、B6、A6	书籍
C4、C5、C6	能装入A4信纸的信封：不折叠（C4）、折叠一次（C5）、折叠两次（C6）
B4、A3	报纸，这类尺寸的纸张同样适用于一些复印机
B8、A8	扑克牌

（二）版面

版面是由各种视觉元素有机编排而成的，元素间相互依存、相互作用，形成千变万化的版面形式。版面的基本结构有版心、上边距（天头）、下边距（地脚）、内边距、外边距。上、下、内、外边距是指版面四周留白的部分，版心则被上、下、内、外边距包围着，版心的设置用以规划版面信息的编排。在印刷载体的版面中，版面的四周我们称为切口。在报刊、书籍、手册等多页数的版面设计时，通常会以对页的方式进行编排，从而更便于组织版面元素，使对页间的元素彼此关联与呼应，对页的分界线即是装订线，我们称为订口。在大开本的版面中还会有分栏与栏间距的结构（图3-1-3）。

版心的设计直接影响着版面的美观程度，常规的版面中，版心通常会设置在版面的正中，形成中规中矩的版面气质。若通过增加个别边距，使版心偏离版面中心，可以使版面更加别致，更具设计感。但需要适度，过高的版心会带来不稳定、轻飘飘以及版心向上运动的感觉；过低的版心则会产生往下坠以及紧张的感觉。内外边距由于装订方式的不同，在设置时也需要有相应的处理，应避免因切割和装订而影响信息的阅读。过窄的内边距会使得靠近订口的信息不容易被阅读；过于靠近切口则容易产生拥挤的感觉，以及在裁切过程中容易将重要信息裁掉。因此版心与边距的设置需要在版面设计之初有一个综合的考量与合理的规划（图3-1-4）。

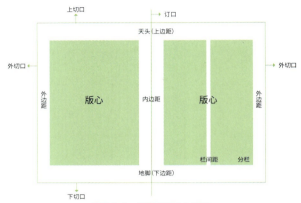

图3-1-3　版面的基本结构

Compression and Rarefaction/Jena Myung/美国

Rem Koolhaas/Lucas Merkel/阿根廷

图3-1-4　内边距和外边距较大的书稿版面

二、版面率与图版率

（一）版面率

版面率是指版心和页面之间的比率，也就是指版面的利用率。在确定开本之后，排版之前，版面率需要优先考虑。版面率越高，页面中的信息越多；版面率越低，页面中的信息就越少。当版面率为100%时为满版，版面率为0%时为空版。版面率的不同，给读者的视觉感受也不尽相同，在设计时需要根据主题的定位、载体的属性以及读者的阅读习惯进行具体的设定。版面率的高低能够影响版面的气质，即使是同样的图文，也会因为不同的版面率而呈现出截然不同的效果。一般来说版面率越高，视觉张力就越大，版面也会更活泼与热闹；反之，版面率越低，给人感觉就越典雅与宁静，版面也会更具格调。另外，版面率的设定与载体的属性也有直接的关系，以报刊为例，报刊的版面率通常较大，其目的在于使这类时效性的读物最大限度地发挥版面功能（图3-1-5至图3-1-7）。

图3-1-5　版面率1

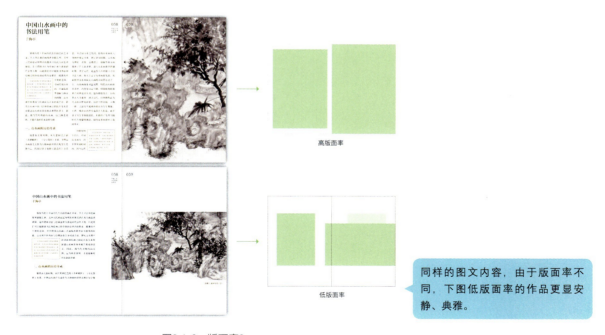

图3-1-6　版面率2

同样的图文内容，由于版面率不同，下图低版面率的作品更显安静、典雅。

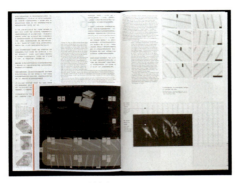

11 × 16 XXL Studio/刘晓翔

《风吹哪页读哪页》

图3-1-7　版面率3

（2）图版率

图版率是指版面中图片所占版面面积的比例。当对页的整面全部都是图片的时候，图版率就是100%；当一个页面只有文字时，图版率就是0%。图片比文字更具有一目了然的吸引力，更能够直接传达感情。版面中图片数量与其所占版面面积的多少直接影响着版面的视觉效果，也影响着读者的阅读兴趣。一般来说，图版率越高的版面越能够引起读者的阅读兴趣，相反，图版率低的版面，会让人感到枯燥乏味。但版面的设计不能一味地迎合读者的兴趣，而肆意扩大版面的图版率，应满足设计项目本身的性质与诉求，根据具体的版面需求来决定版面的图版率。如字典这类的工具书就不适宜通过提高图版率来吸引读者的眼球，会背离工具书自身的功能性。对于缺乏文字阅读能力的儿童，针对这一人群的读物的设计应尽量增加版面的图版率来提高版面的吸引力。在进行多页面的版面设计时，应注意控制不同页面图版率的变化，从而为阅读带来节奏感（图3-1-8至图3-1-10）。

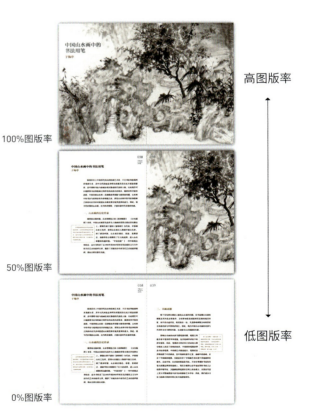

100%图版率

高图版率

50%图版率

0%图版率

低图版率

图3-1-8　图版率1

Iittala Journal/Agency Leroy/芬兰

Design Magazine/Julian Hiesberger/奥地利

RailRoad/This is Pacifica/葡萄牙

Faire impression/Mucho/西班牙

四版目录版面的设计，使用了不同的图版率，前三版都使用了多张图片，但图片面积的大小也影响了图版率。

图3-1-9　图版率2

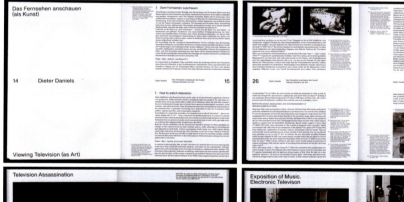

Telegen/Dieter Daniels,Stephan Berg/德国

同一本手册中，不同页面进行了不同的图版率设计，为阅读带来节奏感。

图3-1-10　图版率3

三、版面构造原理

（一）范德格拉夫原理

范德格拉夫原理（Van de Graaf Canon）是一种对历史方法的重构，是一种遵循比例关系构建版面的原理，通过这一原理可使得版面四周边距比例为2：3：4：6（内边距：上边距：外边距：下边距）。其构建的方式是将跨页对角线和单页对角线相交后分别得到A、B两点，再由B点向页面上切口创建垂直线，得到与切口的交点C，再将C点与A点相连接，得到交点D，再由D点分别向垂直和水平方向进行连线，当与对角线汇合时，便勾勒出了版心的区域。内边距的宽度恰好可以将这个版面划分为等分的9列，上边距的高度恰好可以将版面等分为9行。若以单页宽度为直径画圆刚好能够得到相同的比例关系。早在15世纪约翰内斯·古腾堡的书籍就采用了类似的方法进行书籍设计，将书籍的版心与页边距划分成较为舒适的比例。20世纪初，德国字体设计师、书籍装帧师扬·奇肖尔德（Jan Tschichold，1902～1974）曾深受范德格拉夫原理的影响，在其著作《书籍的形式》（*The Form of the Book*）中介绍了范德格拉夫原理用于书籍版面设计的理想比例，使得这一原理被广泛推广。他提出了2：3的比例关系，即版心和版面大小都用相同的比例，且版心的高度E和页面宽度F也是一致的（图3-1-11）。

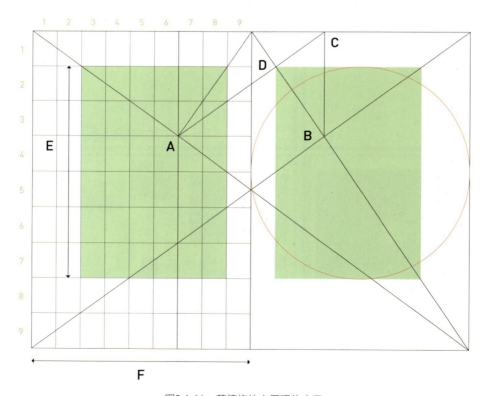

图3-1-11　范德格拉夫原理的应用

（二）斐波纳奇数列

斐波纳奇数列（Successione di Fibonacci）以13世纪意大利数学家斐波纳奇的名字命名，他从许多自然物组合形式中首次发现这个规律。斐波纳奇数列是指数列1，1，2，3，5，8，13，21，…它的第1、第2项为1，从第3项起每一项等于它的前两项之和。它又被称为黄金分割数列，从数列中第15个数字开始选取两个相邻数，用其中数值较小的数字除以较大的数字，所得到的结果正与我们所熟知的黄金分割比例1∶1.618不谋而合。黄金分割具有严格的比例性、艺术性、和谐性，蕴藏着丰富的美学价值，而且呈现于不少动物和植物的外观。现今很多工业产品、电子产品、建筑物或艺术品均普遍应用黄金分割，展现其功能性与美观性。对于设计师而言，斐波纳奇数列提供了一个和谐的参数系统，可以用来规划版面比例，构建网格系统，甚至作为选择字号磅数的依据（图3-1-12、图3-1-13）。

运用斐波纳奇数列来进行版面设计，体现在网格系统和版面尺寸与版心的规划，以此为依据可使版面达到一种均衡的效果，使版面与版心之间的关系更加协调。与此同时，设计师在营造和谐互补的空间关系时可以省时省力又稳妥（图3-1-14、图3-1-15）。

扬·奇肖尔德的代表作《新版式》一书的主题海报版面使用黄金分割比率进行不同板块的文字布局，成功地将黄金螺旋与现代瑞士平面主义风格结合到一起。

从中心向外，依次连接黄金分割矩形图中各长方形对角，从而形成一条漂亮的螺旋线，这条螺旋线被称作斐波纳奇螺旋线，也称"黄金螺旋"。

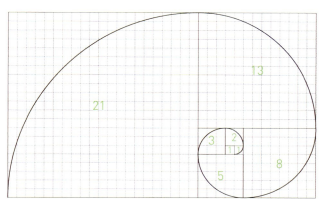

图3-1-12　斐波纳奇数列1

图3-1-13　斐波纳奇数列2

根据斐波纳奇数列将页面划分为协调的尺寸，A区域由104（8×13）个单元格组成；B区域由714（21×34）个单元格组成；C区域由1870（34×55）个单元格组成。

根据斐波纳奇数列进行版面尺寸与版心的规划，版面由34×55的单元格构成，内边距为5个单元格，上边距与外边距为8个单元格，下边距为13个单元格，版心由21×34的单元格构成。

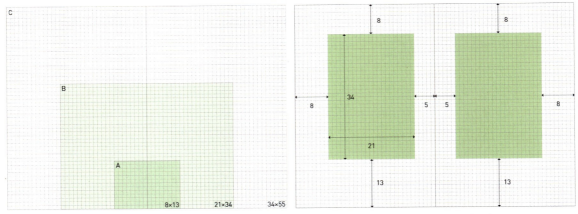

图3-1-14　斐波纳奇数列3　　　　　　　　图3-1-15　斐波纳奇数列4

第二节　版面设计的视觉流程

　　视觉流程的形成是由人的视觉习惯与视觉心理所决定的，通常人眼的视觉焦点只能集中在一处，并由视觉习惯与心理的作用发生移动，视觉移动的过程即视觉流程。视觉习惯与视觉心理相互作用下形成由大及小、由左及右、由上而下、由重而轻、由暖及冷、由简而繁、由图及文的基本视觉流程。成功的视觉流程设计，可以引导读者遵循设计师的意图进行有秩序、有节奏的理性阅读（图3-2-1）。

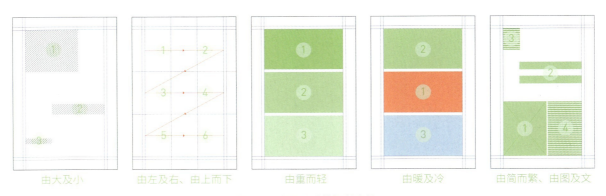

由大及小　　　　由左及右、由上而下　　　　由重而轻　　　　由暖及冷　　　　由简而繁、由图及文

图3-2-1　版面设计的视觉流程

一、视觉习惯与最佳视域

在版面编排中，最佳视域受到人们生活中形成的视觉习惯的影响。当一个版面上的元素需要向受众者传达过多信息的情况下，版式编排应遵循人们的视觉习惯和心理感受，处理好信息传达的主次关系。这样一来，就不会因为元素繁杂而显得凌乱、无序，从而失去了版式设计的根本价值。

（一）视觉中心

视觉中心并非指在图形或者设计作品中数学意义上的绝对中心，而是指比这个点略高且偏左或偏右侧的位置，该点附近的区域是版面的最佳视域区，可利用这个规律创建作品的热点区域。在版面编排的过程中，核心内容或是标题通常都放在这个区域，使读者能够一目了然，或以此来吸引读者的关注与延长对于重要信息的视线停留时间（图3-2-2、图3-2-3）。

（二）三分法

三分法是一种构图方法，也称作井字构图法。通过运用一种水平与垂直方向都划分成三等分的简单网格，将关键元素布局在交点区域中，从而营造出富有趣味的构图。通常数码相机的取景框中带有三分法参考线，从而帮助摄影师拍摄出构图完美的图像。在版面设计中同样可以利用三分法进行元素的布局，划分版面的四条线所形成的四个交点的位置，并且每个交点区域都有其不同的视觉停留的时间比例，可据此来放置设计中想要突出或者主导画面的重要元素。根据三分法来调整版面构图可以使版面保持良好的视觉平衡，并创造出更有张力、活力以及产生视觉焦点的版面（图3-2-4、图3-2-5）。

版面的数学中心与视觉中心并不是重合的，视觉中心一般会位于数学中心之上偏左或偏右的位置。

将版面中的主题信息编排在视觉中心的位置，可在第一时间传递有效信息。

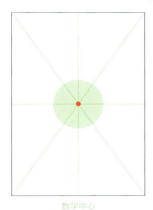
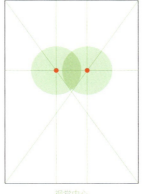

图3-2-2　视觉中心1　　　　　　　　　　图3-2-3　视觉中心2

视觉在一个版面中的不同位置停留的时间是有区别的。

图3-2-4　三分法1

同一版面中不同的视域，受到的关注程度有所不同，把重点信息置于版面中的最佳视域，是传递信息的有效办法。

图3-2-5　三分法2

二、分析与创建信息层级

信息层级指的是从逻辑和视觉两方面来表现不同文字内容的相对重要性，为读者理解其中的组织结构提供视觉引导。在版面设计中，信息层级处理是成功设计的关键，优秀的版面设计，最终目标是使版面具有条理性，能够更好地突出主题，达到最佳的诉求效果。在创建信息层级时，首先要对文字内容进行分析，梳理出文字的主次关系，在进行设计时有目的性地引导读者获取重要信息。面对纷繁杂乱的信息，版面设计就是要从混乱中寻找逻辑，为读者提供明确的信息读取路径。优秀的版面设计应该使读者明确哪个信息最为重要，应按什么顺序来阅读，从而让读者知晓所要传达的主题内容（图3-2-6）。

图3-2-6　分析与创建信息层级

三、版面视觉流程的引导

（一）通过大小引导视觉流程

通过大小的引导包括版面中的文字大小、图形大小、色彩面积大小等。文字信息的层级关系可以通过不同的字号大小来构建，进而规划阅读的顺序。一般字号较大、较粗的字体比字号较小、较细的字体要显得更为重要。同一字号的文字内容，一般为同一层级。不同层级文字间的字号或字重的差别越大，文字的跳跃率越高，版面的层级关系越清晰，视觉流程的引导越顺畅。但并不是要一味地追求高跳跃率的版面，而是要根据版面的具体内容进行规划（图3-2-7）。

当页面中出现多张图片时，可根据图片的构图形成版面的视觉走向，比如水平方向、垂直方向、倾斜方向等。如果图片面积较为均匀，它们的顺序就是常规的视觉流程。为了引起人们的注意，可将主图放大，其他图片缩小，这时通过图片大小的对比便可产生视觉焦点，从而引导视觉流程（图3-2-8、图3-2-9）。

海报通过字号大小区分了信息的层级，使读者能够循序渐进地获取信息。

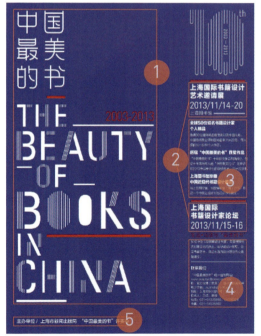

中国最美的书系列活动海报　　　图像的力量——当代欧洲优秀海报设计作品特展

图3-2-7　通过大小引导视觉流程1

版面中的图片体量相当时，视觉流程由左及右、由上而下。

TEAM BLEECH/Bleech/德国

图3-2-8 通过大小引导视觉流程2

左图中的人物体量相当，形成了散点式的构图。右图通过人物大小的对比产生了视觉焦点。

TEE SHOP BRANDING/Kellyn Walker/美国

图3-2-9 通过大小引导视觉流程3

（二）通过色彩引导视觉流程

通过改变色彩的设定来规划版面的视觉顺序，通常纯度高、对比强烈的色彩容易吸引读者的注意力。色彩纯度和明度越高就会越"跳"，给人感觉往前突；反之，纯度和明度越低就会给人感觉越"隐"，感觉往后退。另外，色彩的冷暖也会影响读者的关注度，一个暖色调的版面与一个冷色调的版面放在一起，首先被注意到的往往都是暖色调。但是色彩的使用和其面积大小与背景色的使用有一定关系，需要根据具体的需求来调整色彩的配比（图3-2-10）。

两组图分别是不同的纯度、明度、色温，视觉心理的作用使左侧的一列比右侧的一列更能够吸引观者的关注度。

Mural Istanbul Festival/Erman Yılmaz/土耳其   Exhibition of Contemporary Artists/Inessa/美国

图3-2-10 通过色彩引导视觉流程

（三）通过指向性元素引导视觉流程

指向性元素指箭头、手势、视线等。在获取版面信息时，视线通常会跟随着指向性元素移动，尤其是面部朝向。当在版面中应用人物图片时，图片中人物的眼睛总是最能够吸引读者注意的核心部位，读者会随着图片中人物眼睛注视的方向而移动，从而形成了版面的阅读顺序，所以可通过图片中的人物朝向对版面的信息进行引导阅读。图片方向的强弱，可形成版面的平静或具动感的视觉动势（图3-2-11）。

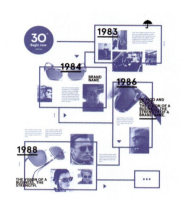

POLICE BRAND IN RUSSIA/Yuri Narvin/俄罗斯

Talkin' Bob Dylan's 70th Birthday—*Time*/Simon Fung/英国

图3-2-11　通过指向性元素（箭头）引导视觉流程

TEN YEARS AFTER 9/11, A LOOK AT OUR WORLD—*The Virginian Pilot*/美国

图3-2-12　通过线条引导视觉流程

（四）通过线条引导视觉流程

线条能够引导人的视线，因此线条的使用可以在设计作品中产生方向感，起到一种导向作用，还可以引导或者连接两个独立的元素（图3-2-12）。

（五）通过数字引导视觉流程

当版面中出现编号时，视线会自觉地跟随数字的顺序移动。同理，如需要版面形成指定的阅读顺序，可考虑为信息编号（图3-2-13、图3-2-14　）。

线条连接了版面左右两端的信息，使其形成关联，并引导阅读。

Dieter Rams: ten principles for good design/Bibliothèque/英国

Less and More/Shin Myung-sup/韩国

图3-2-13　通过数字引导视觉流程

包豪斯信息设计/南京艺术学院视觉信息设计专业2019毕业设计作品

图3-2-14　通过线条与年份数字共同引导阅读

第三节　版面设计的形式法则

形式美法则源于人们对美的总结，在所有艺术领域都是通用的，也是视觉设计的基础。版面构成同样离不开美的形式法则，通过对称与均衡、对比与调和、节奏与韵律、空间与留白等形式美法则来规划版面，把抽象美的观点及内涵诉诸观者，并从中获得美的感受。它们之间相辅相成、互为因果，既对立又统一地共存于一个版面当中。

一、对称与均衡

对称是同等同量的平衡。对称的形式有以垂直线为轴线的左右对称、以水平线为基准的上下对称、以对称点为源点的放射对称、镜像对称。对称平衡给人庄重、沉静、严肃之感，是高格调的表现，但处理不好容易单调、呆板。均衡是非对称平衡，是一种有变化的平衡。它运用等量不等形方式来表现矛盾的统一性，从而求取心理上"量"的均衡状态。非对称平衡相比对称平衡更灵活生动，形式富于变化与趣味，具有灵巧、生动、轻快的特点，是较为流行的版面处理手法，具有现代感（图3-3-1、图3-3-2）。

左：上下对称。右：左右对称。

齐心并励，字在千里/Fxckdown　　　　Martin Major/德国

图3-3-1　对称与均衡1

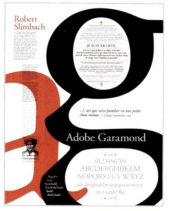

非对称平衡的版面，通过元素的合理布局营造版面的均衡感。

靳埭强个展：是水墨海报　　Robert Slimbach Adobe Garamond/　　ALEXANDER RODCHENKO/Oleg Lyutov/
　　　　　　　　　　　　Melaine/法国　　　　　　　　　　　　美国

图3-3-2　对称与均衡2

二、对比与调和

对比是将相同或相异的元素通过编排使它们之间产生大小、明暗、粗细、长短、疏密、动静、黑白、刚柔、虚实等对比。对比是版面设计中取得强烈视觉效果的重要手法。产生对比的元素之间彼此渗透，相互并存。在同一个版面中通常有多种对比关系交融在一起，对比越清晰鲜明，视觉效果就越强烈。调和是在类似或不同类的视觉元素之间寻找相互协调的因素，也是在对比同时产生调和，所以许多版面常表现为既对比又调和，两者相互作用，不可分割。对比为强差异，产生冲突；调和为寻求共同点，缓和矛盾。两者互为因果，共同营造版面的美感（图3-3-3）。

左：色彩明暗的对比，黑色中有黄色，黄色中有黑色，缓解了两者的对立。中：标题文字明暗、粗细、虚实、动静的对比，两种风格的文字交织在一起，你中有我，我中有你。
右：黑白对比、文字大小的对比、文字构成的线与面的对比。

The Rambutan Workshop/TCDC/泰国

Anthropology's Politics:
Disciplining the Middle East/Lara
Deeb, Jessica Winegar/美国

画廊活动海报/Ali Gray/美国

图3-3-3 对比与调和

三、节奏与韵律

节奏与韵律来自音乐的概念，利用时间上的间隔使声音的高低强弱呈现出有规律的反复，从而有了节奏。版面设计也是相同的，运用重复、渐变、放射、聚散等结构形式，体现出节奏感。韵律是随节奏变化而产生的，是指有规律的节奏经过扩展和变化所产生的流动的美。在版面设计中，重复的图形以强弱起伏、抑扬顿挫的规律变化，就会产生优美的律动感。节奏与韵律往往是相互依存，互为因果，韵律在节奏基础上丰富，节奏在韵律基础上升华（图3-3-4、图3-3-5）。

Deborah Wills/Junki Hong/韩国   ASPaC Awards 2017/Rice Creative/越南

图3-3-4 节奏与韵律1

Studio Jimbo Solo Show 2017/Studio Jimbo/法国

苏黎世市政厅演奏会海报/Joseph
Müller-Brockmann/瑞士

莱比锡音乐厅管弦乐队250周年海报/
Gunter Rambow/德国

图3-3-5　节奏与韵律2

上左：字母有规律地重复使版面产生节奏与韵律。上右：黑色线条由粗到细向中心旋转形成有节奏的动势。下：细小的文字排列成雨刷器划过的痕迹，形成长短不一的节奏感与滑动的动感。

四、空间与留白

留白是指版面未进行图文编排的空间，中国书画美学中讲计白当黑，是指将虚空（白）处当作实画（黑）一样布置安排，使实的线条（黑）之美在虚（白）的映衬之下，得到尽可能地显现。在版面构成中也是一样的道理，留白与文字和图片具有同等重要的意义。版面中留白的形式、大小、比例决定着版面的气质。通过留白可以营造美的韵味，可以增强版面的空间感，还可以通过留白形成版面的视觉焦点。留白并非是留出白色，而是留出空间，空间背景可以是任何色彩，留白越大，空间越为广阔。在版面构成中，巧妙地留白，可以更好地衬托主题，形成版面的聚焦与空间层次。版面留白的多少，需根据版面所要呈现的气质与具体需要承载的内容而定（图3-3-6）。

左：四周大面积的留白营造了静谧的感觉，并使中间的信息成为版面的焦点。中、右：版面中间大面积的留白与四周其他元素形成了虚实对比。

莱比锡的选择2019—2004"世界最美的书"展海报　　　Rochade/Zwölf/德国　　　第五届ABC上海艺术书展海报

图3-3-6　空间与留白

第四节　版面的网格系统

一、什么是网格系统

> 　　把设计辅助网格看作是一个秩序系统，是一种理性设计的表现，说明设计师是有规划、有明确定位地来设计其作品的。
>
> ——瑞士平面设计先驱约瑟夫·米勒-布罗克曼（Josef Müller-Brockmann）

　　"二战"后，欧洲包括约瑟夫·米勒-布罗克曼在内的一些平面设计师，受到扬·奇肖尔德在其《新版式》（*Die Neue Typographie*）中所倡导的现代主义设计思想的影响，开始思考当代版式与传统版式的关联，并开始设计能够帮助设计师灵活并有秩序地组织版面的系统。布罗克曼所著的《网格系统在平面设计中的应用》（*Grid Systems in Graphic Design*）深入浅出地论述了网格系统的设计原理和应用方法，使得网格系统先后在欧洲、北美以致全球的平面设计领域得以推行，对21世纪的平面设计产生了重大影响。

网格是在编排版面的过程中搭建的纵横交织的网状辅助线，相当于版面中的骨骼结构，是版面元素布局的结构性支撑，是版面设计的前期准备，是版面秩序形成的有效途径。设计师在进行版面设计时，可以使版面中的各元素遵循版面网格的级数倍率，从而使得版面形成结构严谨、形式统一、理性多变的视觉形式。网格的合理构建并以网格为基准进行的版式设计可以令版式具有秩序感、统一性、整体性，并且可以帮助设计师更便捷地进行版面设计，提高设计师的工作效率。

二、网格的构成

版面的网格结构是由版心中均匀分布的横向与纵向的参考线构成，并将版心划分为若干个小的单元格（模块）。横向的参考线通常会使用文本的基线，纵向的参考线通常使用分栏。基线是版面中分布着的水平平行线，用来引导文本的编排，也可作为图片编排的参考线，正文的字号与行间距决定了基线间隔的大小。分栏用于分割过长的文本和布局版面中的图像与复杂的信息，因此分栏的数量和宽度是网格构建要考虑的一个重要因素。网格中的模块之间通常会留有一定的间隔，这样既可以让图片之间不受干扰，还为图注留出了空间，且保证了文本的易读性。间隔的纵向宽度（空行）一般与文本的行距成倍率关系，即一行的高度，或两行甚至多行。间隔的横向宽度（栏间距）则取决于正文字号的大小与配图的尺寸（图3-4-1）。

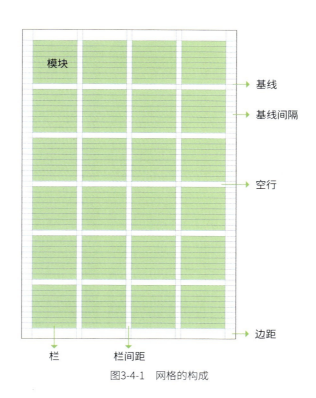

图3-4-1　网格的构成

三、网格的形式

构成网格系统的边距、栏、栏间距、基线、空行、模块等元素以不同方式组合可形成不同的网格形式。不同的形式适合于不同设计风格的版面，使用何种网格形式取决于版面的尺寸、文本的体量与版面元素布局的需求。当版面元素和信息较多时，多栏的结构较于单栏和双栏更为灵活，更便于对空间进行有效的布局（图3-4-2）。

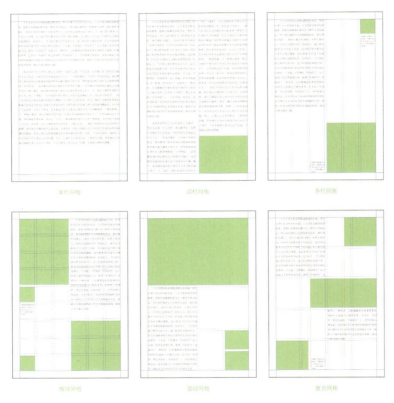

图3-4-2　网格的形式

（一）单栏网格

单栏网格是最基本的网格形式，由单个矩形确定版心和页边距。这类网格比较适合于大体量、连续的文本，比如论文、报告和阅读型书籍的版面设计。但不仅限于文本，以图为主的画册设计也可使用此类网格形式进行编排。

（二）双栏网格

双栏与三栏网格都是较为常用的网格形式，行文的长度适中，且便于文本与配图进行基本的编排。常用于开本较大且图文内容较为简单的书刊、画册的版面设计。

（三）多栏网格

多栏网格具有更强的灵活性，有助于组织层级关系较多或图文内容复杂的版面。网格越多，灵活性则越强。每一栏可以独立使用，也可以跨过栏间距，将多栏连接起来形成更宽的区域。

（四）模块网格

模块网格是由栏和列相互叠加而形成，它可以用来处理更为复杂的信息，有助于建立秩序感，给人一种理性的感觉。越小的模块，灵活性越强。每个模块可以单独使用，用以编排最小体量的元素，也可将多个模块连接起来形成更大的网格区域。

（五）层级网格

当常规的网格结构或平均划分的信息区域都无法满足排版的要求时，层级网格的版面结构就是一个有效的解决方案。这种网格形式能够让版面形成特定的序列，划分出信息的层次，从而使信息的呈现更具组织性。

（六）复合网格

复合网格是多个网格结构进行综合运用，一次创造出一种实用且通用的网格结构。复合网格能够处理纷繁复杂的图文信息，使版面保持秩序感。

四、网格的构建

构建网格是运用网格的前提和基础，合理的网格结构在一定程度上可以保持版面的均衡，使版面中的文字和图片的编排更加协调，能够使原本复杂的版面编排变得更加简单易懂、有章可循。在设计开始和网格的建立之前首先需要根据版面的内容需要确定网格形式，并进行周密的规划和严格的计算，将版心划分为统一尺寸的网格，在此基础上进行元素的划分与区块的分布，从而更好地掌控版面的比例和空间感。需要注意的是，文本行的首行与尾行需与单元网格的顶端与底端完全吻合，通常网格的建立没有办法一次性达成对齐，可先对版面有一个预估，再根据具体的计算进行调整（图3-4-3）。

以一个较为简单的网格结构为例，假设我们现在需要构建一个2×4的网格，第一步，对版心的高度与宽度进行设置，也就是对版面的上、下、内、外边距进行设置。第二步，按照预先的网格设计进行分栏，我们需要构建2×4的网格，所以版面的纵向分成两栏。第三步，划分横向分栏。第四步，将文本编排在栏中，并设定好字号与行距。此时需要进行计算，以使得文本与各单元格对齐。在栏中文本一共可以排30行，我们需要4个等分的单元格，每两个单元格之间有一行的空行，也就是版面中有3个空行，用30行的分栏高度减去3个空行，余下的27行填充4个单元格，用27除以4，得到每个单元格为6.75行。版面中0.75行显然无法达成文本与单元

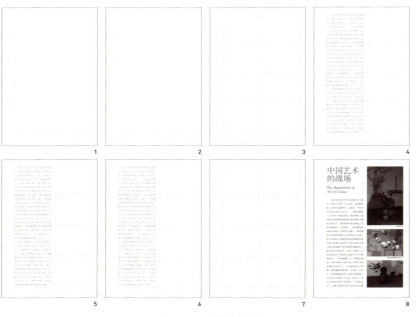

1
2
3
4
中国艺术的战场
The Battlefield of Art in China
5
6
7
8
1.确定版心；2.设置分栏；3.将栏分成单元网格；4.对比文本行的高度与单元网格的高度；5.划分单元网格；6.将单元网格与文本行匹配；7.最终形成网格结构；8.将版面信息与单元网格对齐。

图3-4-3　网格的构建1

格的对齐，因此需要找一个接近于27且能够被4整除的数字，28是一个很好的选择，即每个单元格可以填充7行的文本，整栏则为31行。第五步，根据行数再调整版心高度，也就是31×行距。接下来划分单元格，单元格左右、上下之间的距离均为1个行距，也就是栏间距与空行的距离均为1个行距。第六步，将文本进行调整，使其与单元格对齐。通过以上的操作，2×4的网格就建成了。若版面中编排图片，遵循网格结构则可使得图片与图片之间、图片与文本之间都保持1个行距的距离。

版面中通常同时存在不同层级的文字信息，若不同层级的文字通过字号来区分层级关系，需要让不同层级的文字的行距之间形成倍率关系，以此来使得不同字号的文字之间得到充分的对齐，并且能够使它们在基线上形成交叉对齐（图3-4-4、图3-4-5）。

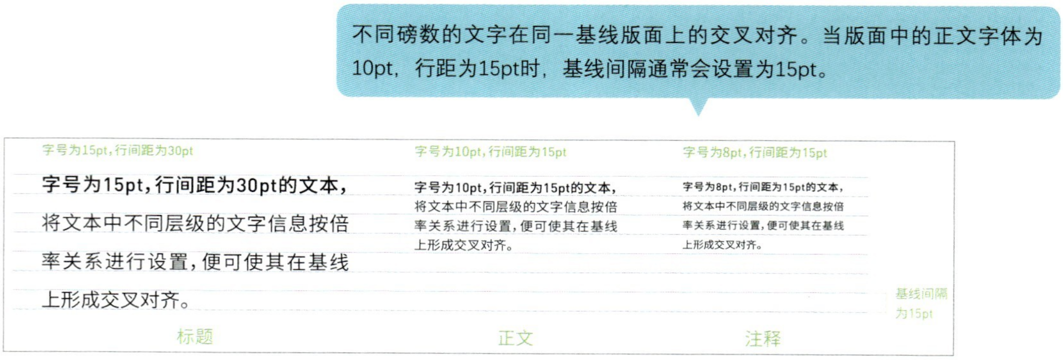

不同磅数的文字在同一基线版面上的交叉对齐。当版面中的正文字体为10pt，行距为15pt时，基线间隔通常会设置为15pt。
字号为15pt，行间距为30pt
字号为15pt，行间距为30pt的文本，将文本中不同层级的文字信息按倍率关系进行设置，便可使其在基线上形成交叉对齐。
字号为10pt，行间距为15pt
字号为10pt，行间距为15pt的文本，将文本中不同层级的文字信息按倍率关系进行设置，便可使其在基线上形成交叉对齐。
字号为8pt，行间距为15pt
字号为8pt，行间距为15pt的文本，将文本中不同层级的文字信息按倍率关系进行设置，便可使其在基线上形成交叉对齐。
基线间隔为15pt
标题
正文
注释

图3-4-4　网格的构建2

当同一版面中最大行距为24pt时，行距为12pt与8pt的文字都能够与行距为24pt的文字对齐，三个层级之间形成了3：2：1的倍率关系。

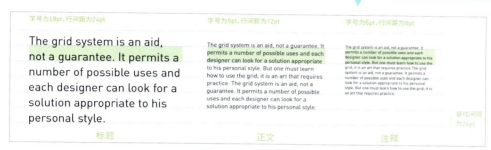

字号为18pt，行间距为24pt

The grid system is an aid, not a guarantee. It permits a number of possible uses and each designer can look for a solution appropriate to his personal style.

标题

字号为9pt，行间距为12pt

The grid system is an aid, not a guarantee. It permits a number of possible uses and each designer can look for a solution appropriate to his personal style. But one must learn how to use the grid; it is an art that requires practice. The grid system is an aid, not a guarantee. It permits a number of possible uses and each designer can look for a solution appropriate to his personal style.

正文

字号为6pt，行间距为8pt

The grid system is an aid, not a guarantee. It permits a number of possible uses and each designer can look for a solution appropriate to his personal style. But one must learn how to use the grid; it is an art that requires practice. The grid system is an aid, not a guarantee. It permits a number of possible uses and each designer can look for a solution appropriate to his personal style. But one must learn how to use the grid; it is an art that requires practice.

基线间隔为24pt

注释

图3-4-5　网格的构建3

（五）网格的应用

网格系统作为平面设计的重要工具，可以广泛用于各类设计项目，如报纸、杂志、书籍、宣传册、海报、企业识别系统、导视系统设计等（图3-4-6至图3-4-9）。可以用来组织如海报、传单这种单页页面元素，也可以用来规范如书刊这种多页版面的编排。但是，设计师应该记住的是网格作为工具，旨在服务于版式设计，并不是始终如一的刻板遵守，必要时也要有所选择地打破规则。如布罗克曼在《网格系统在平面设计中的应用》中所说："网格系统是一种辅助，而不是保证。它允许许多可能的用途，并且每个设计师都可以寻找适合于他个人风格的解决方案。但是必须学会使用网格，它是一种需要练习的艺术。"

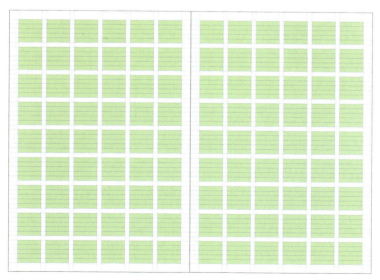

图3-4-6　网格的应用1

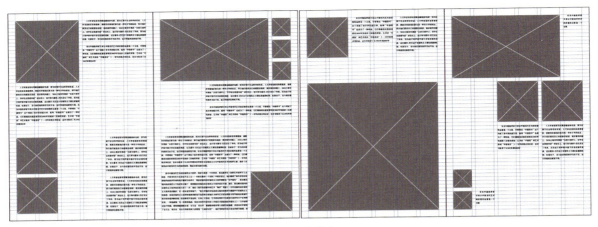

图3-4-7　网格的应用2

Vivian Maier/Marie Ligneres/法国

图3-4-8　网格的应用3

Summer Architectural Structures/Mark Brooks/美国

图3-4-9　网格的应用4

第四章　版式设计实践

实践一　版式基础练习

任务1：纯文字版面设计

用一段文字或一组关键词来描述自己，使用这些信息进行版式设计，编排于10cm×10cm的版面上。可灵活运用点、线、面元素，在满足文字能够有效阅读的同时，尽可能使版式风格新颖独特，形式感强。单色版面，无须应用色彩。

设计要点：

注意字体的选择，字号、行距以及对齐方式的设置；多层级文本的文字的跳跃率；版面的构图结合版式设计的形式法则：对称与均衡、对比与调和、节奏与韵律、空间与留白。

学生作业（图4-1-1至图4-1-3）：

邓涵仪

吴星宇

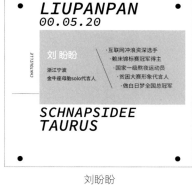
刘盼盼

图4-1-1　学生作品1

高鼎

郑心妍　　　　郑心妍

图4-1-2　学生作品2

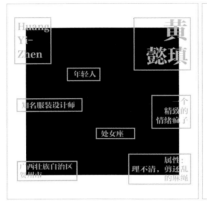

黄懿瑱

图4-1-3　学生作品3

任务2：图文版面设计

将描述自己的信息与自己的照片或自画像相配合进行版式设计，照片可以是头像、全身或是代表自己的某个局部，可以是单张或多张；灵活运用各种平面设计语言，尽可能使版式风格新颖独特，形式感强。尺寸：10cm×10cm，黑白、彩色不限。

设计要点：

注意文字的处理，在此基础上注意图版率、图像的处理；多图版面的图片跳跃率与图片间的组合；版面色彩的调和；图与文的配合。

学生作业（图4-1-4至图4-1-6）：

陈婕　　　　　　　　　　　邓涵仪　　　　　　　　　　胡皪雯

图4-1-4　学生作品4

高鼎　　　　　　　　　　周嘉茵　　　　　　　　　　郑心妍

图4-1-5　学生作品5

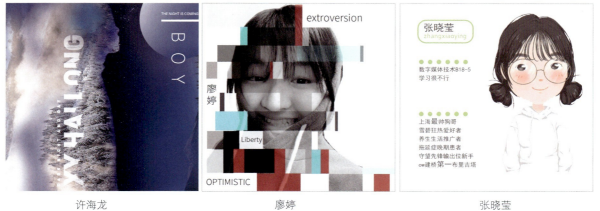

许海龙　　　　　　　　　廖婷　　　　　　　　　　张晓莹

图4-1-6　学生作品6

实践二　名片版式设计

　　使用名片是新朋友互相认识、自我介绍的最快捷有效的方式，也是向对方推销介绍自己的一种方式。名片常见的类型有商务名片、个人名片、创意名片等。其中商务名片最为常见，交换名片也是商业交往的第一步。商务名片上通常印有个人姓名、职务、电话号码、邮箱、公司Logo与名称、公司地址等；个人名片用于个人的社交，通过名片能够展示自己的个人形象，名片上的信息有个人姓名、联系方式、各种社交账号等，也可使用一些创意元素，如个性插画等。创意名片除了通过前期版面设计的形式感与互动性体现创意以外，会格外注重印刷工艺的使用与纸张的选择，创意名片的设计思路也可应用在商务名片和个人名片的设计中。一张名片看起来很简单，却浓缩了版式设计的所有要点和技巧，字体的选择、字号的控制、字间距与行间距的调整、元素位置的布局、信息层级的分析等。

　　名片的设计流程如下。

　　（1）项目分析。

　　名片持有人不同的级别与职位对于名片的使用频率与场合都有所不同，如一个企业的董事长与业务员的名片就有很大的区别，董事长通常在商业往来中接触的是企业高管或政府要员，业务员接触的则基本是客户，因此不同的用途决定了名片上不同的信息内容，我们常看到业务员的名片上会印有公司的经营范围，甚至会将广告印在名片上，但董事长的名片若要体现这些内容就会影响其个人形象甚至企业形象。因此在开始设计之前，首先要对设计对象有充分的了解，包括名片持有者的职业、职务，名片持有者所在单位的性质、业务范畴、企业视觉形象等。

　　（2）设计构思。

　　独特的构思要基于对设计的合理定位与对名片持有者及其单位的全面了解之上。一个好的名片构思需经得起以下几个方面的考量：是否符合持有人的业务特性；是否符合企业的视觉形象；是否具有可识别性和视觉美感；设计是否新颖、别致。

　　（3）设计执行。

　　依据对背景的分析明确名片的设计构思，根据构思确定构图、字体、色彩等。

任务：名片版式设计

　　使用提供的图文信息设计上海建桥学院艺术设计学院教师名片，风格定位需稳重、严肃、大气、严谨（图4-2-1）。

Step 1. 项目分析

　　学院的Logo是一个抽象化的莫比乌斯环，线条硬朗，具现代感。名片的设计需要与学院的形象相匹配。另外，该项目是为高校二级学院的教师进行名片设计，在体现高校稳重、严谨的气质的同时，也需彰显艺术设计学院的艺术性与设计感。

图4-2-1　上海建桥学院艺术设计学院教师名片

Step 2. 设计构思

结合对设计项目的分析，锁定关键词：稳重、严谨、设计感。选择使用的字体应大气、耐看，通过设计网格打造严谨的版面结构，打破常规的构图、增加留白、加入点线的设计元素营造版面的设计感。

Step 3. 设计执行

信息整理：根据提供的文字内容进行信息的整合和筛选，使信息的传达更加有效。同时可配上英文信息备用（图4-2-2）。

尺寸设定：国内名片的常规尺寸为90mm×54mm，该比例符合1：1.618的黄金分割比。美式的标准尺寸为90mm×50mm，欧式标准为85mm×54mm。分辨率为300dpi或350dpi，四边出血通常设置为3mm。常规尺寸并非唯一标准，名片的创意也可以通过长宽比例的创新来体现（图4-2-3）。

字体：名片有限的版面里不宜使用过多的字体，一般控制在两种字体以内。字体的选择直接决定了名片的气质。电脑系统默认的字体是宋体，宋体字本身带有浓郁的文化气息和历史感，与其相对的黑体字则更加现代、时尚。需要注意的是出现英文、拼音和数字的信息都需要

图4-2-2　信息整理

应用一款与中文字体相匹配的英文字体。为体现高校的文化性，可选择使用宋体字配衬线体，中文选用田氏宋体旧字形字体，这款字体笔画细腻优雅，形如流水，艺术气息十足。英文选用Baskerville-Regular，线条工整，字身紧凑，结构严谨，与田氏宋体旧字形搭配协调，灰度均衡（图4-2-4）。

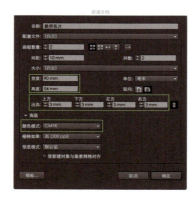

图4-2-3　尺寸设定

图4-2-4　字体设计

字号：名片的字号通常会偏小一些，但一般中文不小于6pt，英文不小于5pt。可以通过字号的设置拉开信息的层级关系。通常情况下一张名片对于接收者来讲最先想要知道的是对方的名字，其次是单位，然后是职务，若不是以宣传业务为目的的名片通常联系方式无须很醒目，对方有联系的需要时自然会自行找到想要的联系方式（图4-2-5）。

设计网格：首先根据设计构思确定版心，为避免印刷后的裁切误差，版面的四周边距通常不少于3mm，也就是不在切口以内3mm的范围编排重要信息。确定版心后创建网格，这里做了5mm的外边距，版心设置了8×6的网格结构，模块间间距为2mm（图4-2-6）。

版面布局：依附于8×6的网格结构将图文信息进行布局，可初步形成较为常规的名片版式（图4-2-7）。

但作为艺术设计学院的教师名片，设计感的体现还不够，可在此网格的基础上做进一步的优化设计。如增加线的元素丰富版面，并具有一定的功能，即划分信息块，中间两条线圈出的是个人信息区域，下方的一条线划分了单位信息区域。网址的信息将"网址"两字做了删减，因为看到这样一行字母就知道是网址，无须标注。另外，添加了色彩，线条和网址的颜色选用了Logo的标准色，在版面中可与Logo的色彩相呼应，且能够使其与学院的形象呈同体系（图4-2-8）。

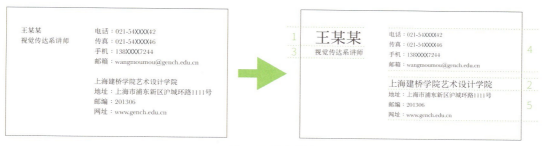

图4-2-5　字号设计

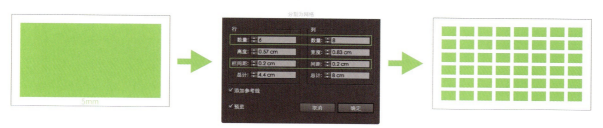

图4-2-6　网格设计

图4-2-7　版面布局

图4-2-8　通过线条划分信息区域

　　大量留白在版面中央，使版面更具张力，联系方式的类别应用了不同的色彩更便于信息的提取，在姓与名之间增加了1/4全角空格，职务排成两行并与姓名等高（图4-2-9）。

　　增加英文信息形成双语混排的版面，版面信息更加丰富。同样的字号英文字的辨识度要比中文字更高，因此将个人信息部分的字号减小了1pt，更加凸显了英文字的线性特质（图4-2-10）。

　　将联系方式的类别缩减为首字母，并配合长线，使信息的编排更为醒目。为满足版面信息的均衡，删减了网址的信息和上海建桥学院的Logo，这两个内容可以在名片的反面呈现（图4-2-11）。

图4-2-9　通过版面中央的留白增加版面张力

图4-2-10　双语混排

图4-2-11　信息简化

名片反面的设计通常是企业Logo、辅助图形或是名片的英文版（图4-2-12）。

以上仅是名片设计千万种可能性的冰山一角，还可通过改变版面尺寸和取向、变换字体、增加点线面元素、改变网格结构等方式发展出更多的方案。

图4-2-12　名片反面设计

实践三　海报版式设计

海报也称招贴，是张贴于公共场所用作信息传达以达到宣传目的的广告形式。海报的种类有商业海报和文化类海报等。商业海报通常用于商品的销售和促销或商业活动的宣传，商业海报也是树立品牌形象的一个渠道。文化类海报包括不以营利为目的的公益海报，通常用于社会公共利益的广告宣传，旨在增进公众对于社会问题的了解，以促进社会问题的解决或缓解。文化类海报还包括用来宣传方针政策的海报，以及以宣传文化活动为目的的文化活动海报。艺术类海报通常为主题创作，设计者不受任何条件的限制，注重主观意识、个人风格的情感表达，注重作品的艺术性。海报版式的设计涵盖了版式设计的一般原理，同样是文字、图形、色彩这三大要素的统筹，运用视觉元素的主次逻辑进行流畅的视觉引导与信息传递。

海报的设计流程如下。

（1）明确主题。

接到设计任务时首先需要弄清楚所要设计的海报的主题和设计项目的目的与受众。明确主题是正确运用字体、图形和色彩关系的基础，也是选择何种形式进行海报设计的关键。

（2）调研分析。

尽可能收集详细的关于设计项目的资料，并做深入调研。对材料进行分析，删减次要的、多余的信息，对海报中需要呈现的信息进行主次排序。同时搜集同类海报，并对其设计手法进行分析研究。

（3）设计构思。

海报设计中图形与文字的配合尤为重要，它是海报设计语言与设计风格的重要体现，因此方案的构思可以从图形或文字着手展开，将图形或文字作为海报的主体展开设计，拟定设计方案及实施步骤，进行设计准备与草图的绘制。

（4）设计执行。

根据草案进行图形、字体、色彩的整合设计，在经过反复的方案调整、细节优化、设计校对之后形成最终完稿。

任务：海报版式设计

根据提供的信息进行文化类海报设计，主题为"上海建桥学院艺术设计学院2018届'汇粹'优秀毕业设计作品展暨首届海峡两岸高校优秀设计作品联展"，海报需体现毕业展活动的氛围，并便于在多种场合和载体上的拓展设计（图4-3-1）。

图4-3-1 海报设计

Step 1. 明确主题

选题是以宣传展览为目的，受众群体为高校师生与受邀来宾，信息的传达要做到直观准确。风格大气稳重，并具有毕业季展示活动的氛围，同时设计要便于延伸到不同的载体上，形成系列视觉形象。

Step 2. 调研分析

整理信息，划分信息的层级关系（图4-3-2）。在该海报设计项目中，首先要传达的信息是活动主题，受众了解是什么事件之后自然会关注这个事件的时间和地点，之后是展览的内容和主办、承办等信息，这样就形成了这个海报设计的阅读顺序，也就是设计要做到的视觉引导流程，即主题—时间—地点—内容—承办。另外，在设计开始之前可以将文本内容翻译英文版以备用（图4-3-3）。同时搜集并分析同类别的海报设计。

图4-3-2　划分信息层级

图4-3-3　补充英文信息备用

Step 3. 设计构思

海报主题为"汇粹"，内容为传达毕业展览信息的文化性质海报，从图形的角度展开，首先对"汇粹"这个词进行概念的分析，挖掘主题传达的精神、内涵、价值、氛围，寻求能够充分、准确表现主题内核的图形构形与表现方式。"汇粹"的内涵即用包容的心态、开阔的视野汇聚海峡两岸的设计精品。可对这一抽象的内涵进行抽象图形的描绘，图形的构形形态集中表现汇聚的感觉。另一方面，从文字的角度展开，考虑从对主题"汇粹"两字进行字体设计展开，使字体的设计能够尽可能体现主题的内涵。

Step 4. 设计执行

尺寸设定：海报的制作通常是通过印刷完成，从成本的角度，海报的尺寸一般都以标准的正/大4开、2开或国际纸张标准的A2、A1的尺寸展开，根据实际张贴环境的需要进行尺寸的设定。

寻找与刻画视觉主体：视觉主体也就是海报的主角，当看到一张海报时，是注意力集中关注的部分。视觉主体可以是图形，可以是文字，也可以是图形与文字的组合，因此在设计构思时可以分别从图形和文字这两个角度来展开表现主题。无论是图形还是文字都需要体现"汇粹"的主题气质，表现汇聚的概念会联想到融合、汇流、线条等，因此可以用块面的叠加表现融合或用线性的视觉元素表现汇流，从抽象图形的角度进行主体元素的刻画（图4-3-4）。

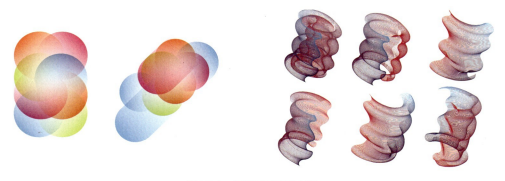

图4-3-4 视觉图形设计方案

从文字的角度展开，自然是要先确定文字内容，前面分析了信息的层级关系，选择刻画的主体一定是第一层级的信息内容，活动的主题"汇粹"是首选，另外，传达事件核心内容的文字也是一个选择，即"毕业设计作品展"。这里选择对"汇粹"二字进行图形化的设计（图4-3-5）。

视觉主体的刻画并不是一步到位的，因为主体不可能孤立存在，它需要与其他视觉元素进行有效的配合以适应海报的版面统筹编排，因此主体的刻画需要在海报整体的设计进程中不断地调试和优化。到这里海报主体的设计先告一段落，开始其他信息属性的定义和版面布局。

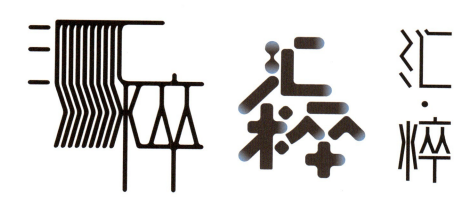

图4-3-5　主题字体设计方案

　　字体：选择信息应用的字体，作为设计展，具有现代感的无衬线体更为适合，思源黑体是Adobe和Google推出的一款开源字体，有7种不同粗细的字体家族，在有多个信息层级的版面中可以通过字体粗细变化区分不同层级的内容，英文字体选择与思源黑体相匹配的无衬线体，Inria Sans字体的高度略大，字体优雅且具有现代气息，且字体家族中的不同粗细的字体也能够与思源黑体的字体家族配对成多组协调的组合关系（图4-3-6、图4-3-7）。

　　按文本的层级，做不同粗细的对比，能看到文本形成了初步的层级变化（图4-3-8）。

　　通过字号的设置，增加文字的跳跃率，从而进一步拉开层级关系。设置字号时有两个问题需要规避：第一，避免字号对比得模棱两可，即不同层级的字号不能过于接近，无法快捷地拉开层级关系就是无效的对比；第二，避免对比过于极端，即在相邻且需拉开对比关系的文本中，字号的设置差距不能过于悬殊，会使得文字的组合不协调。在不同层级的字号设置中，可通过等差或等比数列来进行设置，使得信息文本的字号之间形成倍率关系（图4-3-9）。

1　思源黑体 CN-Bold ＋ Inria Sans -Bold
2　思源黑体 CN-Normal ＋ Inria Sans -Regular
3　思源黑体 CN-Light ＋ Inria Sans -Light

图4-3-6　中英文字体搭配

思源黑体 CN-Bold
＋
Inria Sans -Bold

汇·粹
上海建桥学院艺术设计学院
College of Art Design, Shanghai Jian Qiao University
2018 届优秀毕业设计作品展
2018 Excellent Graduation Design Works Exhibition
暨首届海峡两岸高校优秀设计作品联展
The First Excellent Design Works Exhibition of Both Sides of the Taiwan Straits Colleges

思源黑体 CN-Normal
＋
Inria Sans -Regular

开幕时间 Opening：2018 年 3 月 28 日上午 10 点整（星期三）
展出时间 Date：2018 年 3 月 28 日 ~4 月 18 日

展览地点 ｜ Place：
上海临港国际艺术园 2 层临港当代美术馆（上海市浦东新区水芸路 418 号）
Fl.2, Shanghai Lingang Contemporary Art Museum (NO. 418, Shuiyun Road, Pudong, Shanghai)

思源黑体 CN-Light
＋
Inria Sans -Light

主办单位 ｜ Host
上海建桥学院
Shanghai Jian Qiao University
承办单位 ｜ Undertaker
临港国际艺术园
Lingang International Art Center
临港当代美术馆
Lingang Contemporary Art Museum

视觉传达设计
Visual Communication Design
环境设计
Environmental Design
数字媒体艺术
Digital Media Art

图4-3-7　字体的选择

图4-3-8　字重对比

图4-3-9　字号的设置

　　当海报文字内容较多时，多层级的文本内容若是过于集中地编排，会带来阅读的倦怠感，这时还需要通过拉开行距或构图的布局将文本内容做进一步划分。在前面信息整理的过程中将信息分为了主题、辅助信息、细节描述三大层级，在版面布局时可依此分为三个信息版块。需要注意的是每个信息版块内的文本行距的设置也需满足倍率关系，这点在网格的设计中会有所体现。同时也可通过色彩和添加线条的方式将文本信息做进一步的划分（图4-3-10）。

图4-3-10　信息板块的划分

　　做到这个程度已经具备了基本的信息有效传达的功能，但只能算是一个基础的信息页面的版面编排，作为海报，设计感和艺术性都远远不够，缺少能够抓人眼球的视觉元素。这时就需要结合前面绘制的视觉主体元素进行海报的布局。

加入视觉图形后，版面的层次丰富了很多，文本的色彩与图形的色彩相配合，彼此呼应。但是图形与主题的配合不够默契，版面的焦点分散在两处，未形成版面主体的聚焦，信息的编排不够精致（图4-3-11）。

数字内容在版面中是容易吸引注意力的部分，数字的设计也是打造版面设计感的有效切入点，将展览信息中开幕时间的内容做进一步的整合设计（图4-3-12）。

通过进一步拉开文字的跳跃率以突出主题，并将主体图形与主题文字叠加组合成为海报的主体，形成海报的视觉中心，其他信息作为配角服务于海报的主体（图4-3-13）。

尝试将图形与文字组合形成新的视觉主体，产生新的方案。背景添加辅助图形与主体图形形成呼应，并增加版面的层次感（图4-3-14、图4-3-15）。

将图形化的文字作为海报的主体展开形成新的方案，不同的配色可延展成系列海报或动态海报（图4-3-16）。

图4-3-11　加入视觉图形

图4-3-12　数字的设计

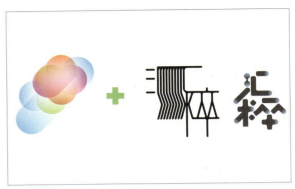

图4-3-13　调整文字的跳跃率　　　　　　　　　　　图4-3-14　图形与文字的组合作为视觉主体

图4-3-15　两种组合形成两个海报方案　　　　　　　图4-3-16　以字体设计为海报主体的海报方案

　　尝试加入绚丽的背景打造毕业展活动的氛围，文本加上色块，并将活动信息整合编排在一起，形成块面的对比与文本间相呼应的形式感（图4-3-17）。

图4-3-17　加入绚丽背景

运用线性图形作为海报主体结合"汇粹"二字的字体设计产生新的方案，这里用到的"汇粹"二字相比前面两个方案，设计感较弱。选择用这个字体方案与图形组合，是因为图形的视觉张力较强，两者组合在一起彼此不会抢风头，不会形成各自为政的观感。背景色使用了网格渐变填充，使色彩的层次更加丰富，用以烘托活动的氛围，两款色彩切换的方案可以作为系列海报，也可以生成动态海报用于线上的推广（图4-3-18）。

通过不同的视觉主体方案与文本信息的各种组合，已经可以形成较为丰富的海报方案，在这些方案中选定意向方案，再对方案进行深入的刻画和基于网格结构的规范化设计，形成最终的完稿（图4-3-19）。

图4-3-18　不同的图形与文字的组合形成新的海报方案

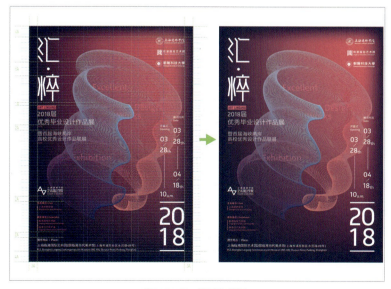

图4-3-19　规范化设计

实践四　宣传册版式设计

宣传册是企业或机构用于宣传和推广业务与产品的重要途径，其使用灵活，应用广泛。作为多页面的版面阅读，宣传册的设计讲求整体感，并能够在统一中求变化。从宣传册的开本设定到页面规划，从设计网格到版式的变化，从图片的编排到色彩的搭配，从纸张的选择到印刷工艺的求新，都需要有整体的考量和规划，然后调动一切设计要素，将其合理、有机地整合在一起，服务于设计内涵。

宣传册的设计流程如下。

（1）项目分析。

接到设计任务时首先向甲方了解设计宣传册的目的、宣传册面向的人群、发放的途径、成本的预算、预期的效果等。另外，还需对甲方的企业形象和以往的宣传册设计风格进行研究，以保证设计不偏离企业的对外形象。对项目充分的分析是制定设计方案和准确把握调性定位的关键。

（2）内容整理与版位规划。

对客户提供的宣传册的内容进行梳理，可要求客户提供具体的页面规划，并沟通关于宣传册风格、页数、纸张、工艺等方面的意向。若客户没有具体的规划和意向，则需要设计师对文稿进行整理，确定总页数，根据内容分配页面。此时，可手绘版位草图，更便于直观地看到页面的规划。配图一般由客户提供，若设计方案需要更多配图，可留出购买素材的预算，与客户商定后可在图库或向插画师购买所需素材（若用到商用素材，一般会在设计方案中先放小图，最终定稿后，再向第三方购买大图），当然也可以根据需要自行拍摄或绘制。

（3）设计构思。

设计宣传册首先需要考虑的是宣传册的形态与装订方式。一摞宣传册摆在前台或展位，是否会被取阅、是否会被留存，其静置时的形态与封面的视觉起到了很大的作用，因此宣传册的形态设计是体现宣传册设计感的一个重要的突破口。同时需要确定宣传册的尺寸，出于成本的考虑，宣传册常用的开本是便携的大32开（145mm×210mm）和利于展示产品的大16开（210mm×285mm）。常规开本虽然节约了成本，但同时也损失了一定的吸引力，相比而言，自定义开本更能够为宣传册带来形态上的创新，更能够吸引人的注意力。宣传册常用的装订方式是骑马订装和胶装，不同装订方式对于宣传册版式的设计也有相应的影响，如胶装的宣传册没有办法平整地展开，在版式设计时就不适宜做跨页的编排；选择骑马订装，需要将总页数控制为4的倍数。另外，一些特别的装订方式也可以选择使用，比如经折装、卷轴、包背装、蝴蝶装、环装等，需要设计师根据宣传册的设计风格和成本预算选择适合的装订方式。

（4）设计执行。

根据版位规划先选择具有代表性的2～3个对页作为样张设计版式，确定好版式方案，完成全册的编排。全册编排完成后开始设计封面与封底，由于宣传册本身的宣传属性，封二、封三通常也会安排内容，因此也需要进行设计，可以与内文一起设计，也可以在封面设计的阶段一同完成。完成全部设计稿后对内容进行校对，检查文本有无错误和核查图片质量，若有购买图库素材，在此时需将前面用的样图更换为高清大图。确认无误后打样制作，并交予客户确认。

任务：宣传册版式设计

自选一个文化机构，对其进行宣传册设计，宣传册的内容需自行收集与整理。宣传内容可以是机构或活动的介绍，也可以是该机构某一业务或产品的介绍。如为美术馆设计宣传册，内容可以是美术馆的介绍（背景、历史沿革、重大事件等），也可以是当下某一个展览的介绍（可按展区或按参展艺术家整理资料）。设计风格需符合所选机构或活动的气质。

这里展示一个宣传册设计项目的设计过程，服务对象是香港大公文交所，内容是大公ONLINE项目介绍。

Step 1. 项目分析

该项目是设计企业推出的艺术品在线交易平台的宣传册，发放的目的是招募艺术家和艺术机构，因此宣传册面向的受众人群是艺术家和艺术从业者。通过阅读客服提供的宣传内容，对项目进行深入的了解，同时浏览官方网站了解品牌形象（图4-4-1）。

图4-4-1　前期了解

Step 2. 内容整理与版位规划

客户提供两份文档，分别是导引和内文的文案。导引用于引导读者了解宣传册的内容，因此需要在封面上体现，但内容过多是没有办法在短时间内获取有效信息的，因此封面内容需要从导引中做精简的提炼。内文共有6个部分的内容，文字体量均较小，内容的概括性强，这对信息的传达是非常有帮助的，不会让读者很快失去阅读下去的耐心（图4-4-2）。

大公ONLINE宣传册——导引

给艺术家的两个问题：
你还在坚持创作吗？
你愿意给自己的作品找一个"藏"家吗？
给艺术机构的两个问题：
你还坚守在艺术圈吗？
你愿意有一群忠实而又有品位的追随者吗？

有多少购买者会是真正来源于你的朋友圈呢？别再违心、无奈地在朋友圈中推销了。让它回到那个最初的模样，吃茶饮酒话桑麻。过滤掉那些利益渗透、辛酸掺杂的生计，你又可以高傲而尊贵地存在着。

把过滤掉的这部分交给我们——"TAKUNGAE ONLINE"，一个真正的艺术家工作室展示平台、一个真正的艺术作品交易平台，我们来自全球主要华语区的数百万计的藏家已翘首等候多时。

建立一个公开、公平、公正、有序、有品格、有原则的艺术品在线交易平台，是很多良知艺术品行业从业者们的一个终极理想。然而，谈何容易！

有钱、有想法、有技术、有经验、有资源、有客户、有梦想，关键还要有你！TAKUNGAE ONLINE期待您的加盟。

多说无益，我知道，只要你足够感兴趣，给你几个关键词，你会有办法获知从这里没有得到的了解。

我只想传递一点对于做这件事的信念和价值趋向给你，关于艺术这件事，关于更好的生活，关于打开与传递，关于分享，各取所需，关于换一种方式得到快乐与尊严。

你只需要记住，我们是：TAKUNGAE ONLINE，请关注我们的微信公众号，随时了解我们推出的服务内容。（此处附公众号二维码）

陆续，我们会有更多的补充，使我们所付出的真正成为你需要的，从而才能被称之为"服务"。

请你暂且让信任先入为主，也反馈给我们一些你的信念。
我们会关注到更微小的、更隐秘的细节，来完善它、贴合你。
感谢你们的信任与陪伴，从而使我们更知己知彼。
（以下内容枯燥，但有必要了解。）

TAKUNGAE ONLINE宣传册策划文案大纲
TAKUNGAE ONLINE全球艺术家工作室在线

宣传册的内容：

一、TAKUNGAE ONLINE简介
背景
TAKUNGAE ONLINE由香港大公文化艺术品产权交易所独立运营。香港大公文交所于2014年正式登陆美国资本市场（股票代码TKAT），成为全球首家登陆国际资本市场的文化艺术品单位交易平台。香港大公文交所与分布在中国香港、中国内地、东南亚及欧美各国的文化艺术机构有着紧密合作，建立了世界级文化交流平台，目前，客户已遍布世界上主要的华语地区。

为了进一步提升全球艺术家与艺术爱好者在交流沟通方面的用户体验，大公文交所打造了TAKUNGAE ONLINE平台。TAKUNGAE ONLINE是一个面向全球艺术家与艺术品爱好者的，集交易、交流、鉴赏、收藏为一体的艺术品综合性平台。

优势
1. TAKUNGAE登陆美国资本市场，有强大的运营实力。
2. 立足香港，面向全球主要华语地区的高端用户群体，客户资源广泛。
3. 拥有强大的研发团队，开发拥有自主知识产权的交易平台，PC、手机App、微信版本陆续上线。
4. 交易、交流、鉴赏、收藏四位一体的创新综合性平台，极致用户体验。
理念
免费为艺术家提供网站空间开设在线工作室，展示自己的原创作品，把更多的优秀艺术家推荐给更多领域的收藏家，并实现艺术品便捷的线上交易和线下交流

二、TAKUNGAE ONLINE的艺术品交易模式（互联网元素图示说明，需王总提供网站相关资料）
艺术家实名认证开设在线工作室（卖家）→大公online艺术品在线交易平台→藏家（买家）

三、艺术品门类（初期暂定）
1. 书画类：中国画、书法、油画、版画、水彩画。
2. 综合材料类：雕塑、陶艺、篆刻以及其他艺术表现形式。

四、平台服务对象及其内容
艺术家工作室：
1. 国内外公认的一线专业院校的在校生和毕业生；

---

2. 能够提供相关个人作品参赛获奖经历的青年才俊；
3. 在艺术创作方面，享有较高知名度的职业画家；
4. 坚持个人艺术创作，有职业操守和艺术理想的人。
艺术品机构工作室：
1. 拥有商家资质，主营业务为艺术品销售；
2. 所售艺术品均有艺术家本人的认证；
3. 具有良好的企业信誉，无重大争议销售记录；
4. 有签约式聘任原创艺术工作者。
艺术品买家：
全球艺术品爱好者、收藏家。
服务内容：
1. 技术服务：平台对艺术家全方位支持，提供专业在线工作室创建。
2. 交易服务：为买卖双方提供公开、公平、公正的交易平台，买方确认收货后，资金结算给卖家。同时，为买卖双方处理争议。
3. 艺术家推介：提供面向全球的艺术家平台宣传服务；TAKUNGAE ONLINE不仅仅提供交易平台，更注重艺术家的宣传推介；分享全球或区域性艺术活动共享。
4. 媒体宣传：TAKUNGAE ONLINE负责多媒体的宣传、推广服务。

五、首期聚焦
首期入驻工作室可享受的待遇、服务；线上线下宣传活动中的宣传推广；礼品设计中的作品推广以及其他相关推广宣传服务等。

六、附：艺术家、商家入驻申请渠道
二维码扫描关注微信公众号报名、下载表格邮寄。

立即联系我们！
地址：香港中环夏悫道10号和记大厦2003室
电邮：service@takungae.com
电话：00852-39XXXX77
官方网址：www.takungaeOnline.com

图4-4-2 文本分析

计划页数和页面排位规划，一般小体量的宣传册会采用折页或骑马订装方式，小册子比折页要更为正式。若采用骑马订装的方式，总页数需要是4的倍数，结合宣传册的内容，将宣传册内文的页数设定为8页，具体的内容分配可用手绘或电子草图进行标注（图4-4-3）。

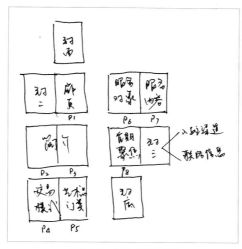

图4-4-3　版位规划草图

Step 3. 设计构思

在设计之初，客户对宣传册的风格、开本、页面规划都没有具体和明确的要求，只提出了需要"特别一些"的要求。宣传册的受众是艺术家和艺术从业者，这一类高审美人群对于品质的追求都有较高的标准，因此对于宣传册物化后呈现的形态和拿在手中的质感都应尽可能体现设计感、艺术性和亲和力。首先需要考虑的是宣传册的形态和开本，一般的宣传册不太会在形态上做文章，直接就从版式设计开始，但是作为对设计感有较高要求的宣传册，形态设计是一个非常有利的突破口。此时可以用废弃的复印纸折小样，这样能够更直观地预见成品拿在手中的效果和衡量开本的大小是否合适。这里做了三种方案的尝试，在开本的设定上考虑到大32开会略显小气，大16开不够精致，因此没有选用常规的开本，将方案1、3的尺寸设定为180mm×240mm，方案2设定为200mm×200mm（图4-4-4）。

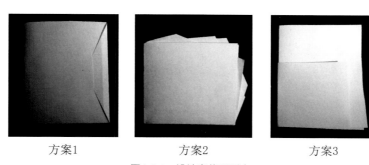

方案1　　　　　　　　方案2　　　　　　　　方案3

图4-4-4　设计宣传册形态

Step 4. 设计执行

样张版式设计：这一环节的目的是确定版式风格，先选择几个页面，分别对不同形态的宣传册方案进行样张版式设计，避免盲目完成整册的编排后被全盘否定再从头开始。该项目的文本内容极为精简，且没有提供与文字配合的图片，按常规的编排方式，这些内容只需要一个对页就可以了，但打散分配到宣传册的页面中，就会让人感觉内容很空洞，会有形式大于内容的心理感受。与客户沟通后，客户提供了一些艺术家的作品，但与文本内容依然没有匹配关系，不过作为艺术作品，其艺术性强的特点可以利用在版面的装饰上，从而协助版面营造艺术感。但不同的艺术家作品风格迥异，若只选用一个艺术家的作品又会使宣传册变成该艺术家个人的宣传册。因此对作品图做了处理，削弱了作品的个人风格，并且让作品图片有统一的风格（图4-4-5）。

图4-4-5　素材处理

字体出于版权的考虑，中文都使用方正字体，大公是一个文化集团，宣传册的受众是具有个性与内涵的艺术家群体，因此中文选用了极具人文气息的宋刻本秀楷和兰亭宋，英文字体选用文化与历史气息浓厚的Garamond（图4-4-6）。

方正宋刻本秀楷　+ Garamond$^{-Regular}$

方正兰亭宋　　　+ Garamond$^{-Regular}$

图4-4-6　中英文字体搭配

在设计样张版式时，选择了封面、封二、扉页和简介的对页作为样张，通常封面的设计会放在最后，但该项目需要提前与客户确认宣传册的形态方案，有封面的提案会更完整，所以这里将封面的设计提到了前面。

方案1设计了两套版式方案，第一套以大公Logo的红色和青色为主色调，将经过处理后的绘画作品作为版面装饰以丰富版面。担心绘画作品做了后期处理不被客户接受，于是又做了第二套版式方案。版式中设计了一个由六边形组成的网状结构的辅助图形，表现线上平台的概念。艺术家的作品镶嵌在六边形的模块里以丰富版面，辅助图形可以贯穿使用在所有页面中，协调宣传册整体的版式风格，网的形态和模块数量可以在各个页面的版式中做灵活的变化（图4-4-7）。

方案2的版式沿用了前面用到的网状结构的辅助图形，结合方形的版面进行新的版式方案的设计（图4-4-8）。

图4-4-7　方案1版式设计

图4-4-8　方案2版式设计

方案3在封面上做了大小封面的叠加，将繁杂的导引信息编排在小封面上，主封面上只保留醒目的标题和一小部分辅助信息，解决了大信息量无法在封面上呈现的矛盾（图4-4-9）。

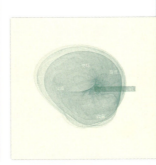

图4-4-9　方案3版式设计

在样张的版式设计中，并没有对细节做深入的设计，只呈现了版式的风格，在确定方向后再做规范化设计和细节的深入处理。在与客户确定方案时，可将设计稿合成在前面制作的宣传册小样上，可以让客户更直观地看到宣传册成品的样子（图4-4-10至图4-4-12）。

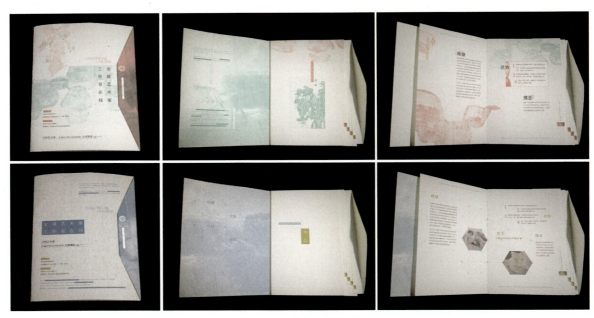

图4-4-10　方案1成品效果

图4-4-11　方案2成品效果

图4-4-12　方案3成品效果

　　3个方案提交给客户后，客户选定了方案1的形态和第一套版式。确定方案后就需要进行规范化设计，设定好版心、边距，规范不同层级信息的文本属性，设计网格结构。几个部分的文本内容有的是段落文本形式，有的只有项目标题，文本的格式比较凌乱，因此在设计网格时使用了8栏网格，这样便于针对不同的文本结构灵活地进行编排（图4-4-13、图4-4-14）。

图4-4-13　定义不同层级的文本属性

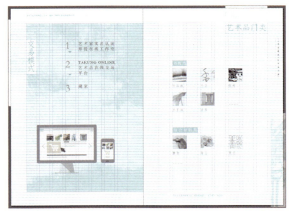

图4-4-14　设计网格结构

　　方案1的形态设计略微复杂，封底设计了一个插舌，折向封面，内页做了一个按9mm递增宽度的设计，因此在设计中需要格外注意这些特殊的结构，以免出现错误。同时特殊的结构可以做一些特别的设计，以增加宣传册的设计感和趣味性。递增宽度的内页，合在一起时能够形成页面错落叠加的效果，可以利用这个结构做些文章，在递增的位置放上对应页面的标题，起到引导阅读的作用。页脚处使用处理过的作品图作为装饰，计算好尺寸，每个对页分段截取图片的12mm，内页合在一起时就可以看到完整的画面（图片的宽度设置为12mm，比递增的9mm宽了3mm，是为了避免因印刷误差造成图片没对准，从而影响成品效果）（图4-4-15）。

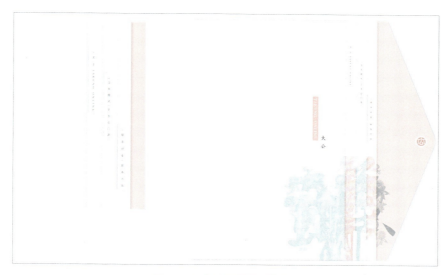

图4-4-15　递增宽度的内页设计

图4-4-16　页眉页脚设计

　　页眉页码的设计是体现宣传册精致与否的重要细节，该宣传册的页数较少，且对页面做了索引的设计，就没有再设计页码。在页眉页脚的设计中，提取了部分导引文字，分配在了每个页面的页眉页脚处，使版面更为完整，并且解决了大量的导引内容无处安放的问题（图4-4-16）。

　　最后完善封面、封底、封二以及封三的设计，对客户提供的导引文案再进行提炼，将封面上不能承载的部分按重要程度分别分配在封二、封三和封底上。封面的设计通常和封底一起以对页的形式统筹设计，客户指定了封底用图，依据图片的色调，对宣传册的配色再做调整，橘红色为大公Logo的色彩，青色调整为封底图片的色调，使宣传册从外到内的色调统一、协调（图4-4-17）。

电子稿全部完成后发给客户确认，完成最后的校对改稿后打样，在装订方式上没有用常规的骑马订装，改用了车缝线的装订，使宣传册更具亲和力，并特意将线的颜色选用了与宣传册色调一致的橘红色。纸张使用了300g米白色暗纹艺术纸，让宣传册的人文气息更浓郁（图4-4-18）。

图4-4-17　四封设计

图4-4-18　打样

第五章　版式设计实例

实例一　海报版式

　　海报是平面设计领域中最具艺术感染力的信息传达载体，在如今的数码设计时代，海报不再单纯以印刷张贴的形式呈现，更多会以电子海报的形式通过互联网进行传播，这使得海报的传播力度更强。但无论是纸媒还是数字媒体，版式设计的方法与原理是通用的，依然是文字、图形、色彩三大要素的统筹。

　　利用抽象的现代几何图形创建了一个有趣的概念标识，配以时尚的色彩为音乐节的主视觉拓展了丰富的形象（图5-1-1）。

　　基于网格结构的系列海报，每张海报以一个体育人物为主体，在统一的网格结构基础上形成多样的变化（图5-1-2）。

图5-1-1　音乐节海报/Broklin Onjei/加拿大

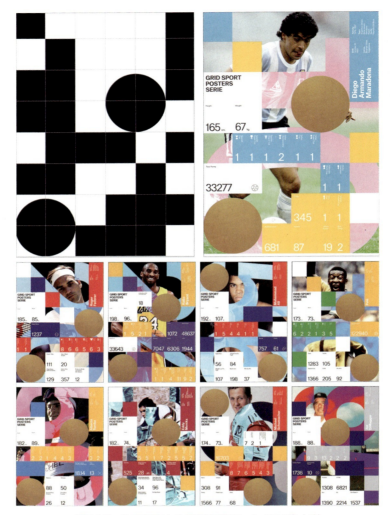

图5-1-2　体育传奇人物系列海报/Studio K95/意大利

　　合唱团的Logo大尺寸地居于系列海报的中央，形成了有趣的构成感和高度的辨识度，古典绘画和雕塑作品作为每张海报的背景用以诠释音乐会的主题。海报基于统一的网格之上，派生出秩序统一又富于变化的系列海报（图5-1-3）。

　　系列海报能够呈现系列感的关键在于，所用到的元素、色彩的基调、文本的层级属性等都能够遵循统一的原则。在这组系列海报的设计中，图的部分都采用了素描风格的插画，每一张有一个主色彩，色彩的基调都是明色。统一的标题处理方式和元素的层叠关系，使这一组海报具有很强的系列感，并且每一张海报的设计并没有一味地遵循统一，在版面的布局上灵活变化，使这一组海报形成求同存异的组合效果（图5-1-4）。

　　纯色的色块与不规则切割的图像叠加在一起，具有较强的视觉张力。文本反白在色块之上按色块的角度进行编排，标题与大段的文本之间具有较高的跳跃率，进一步增加了版面的张力（图5-1-5）。

图5-1-3　ESPE合唱团系列海报/Graphéine品牌设计公司/法国

图5-1-4　网页工作室系列海报/Irina Nakonechnaya, Irina Nakonechnaya/乌克兰

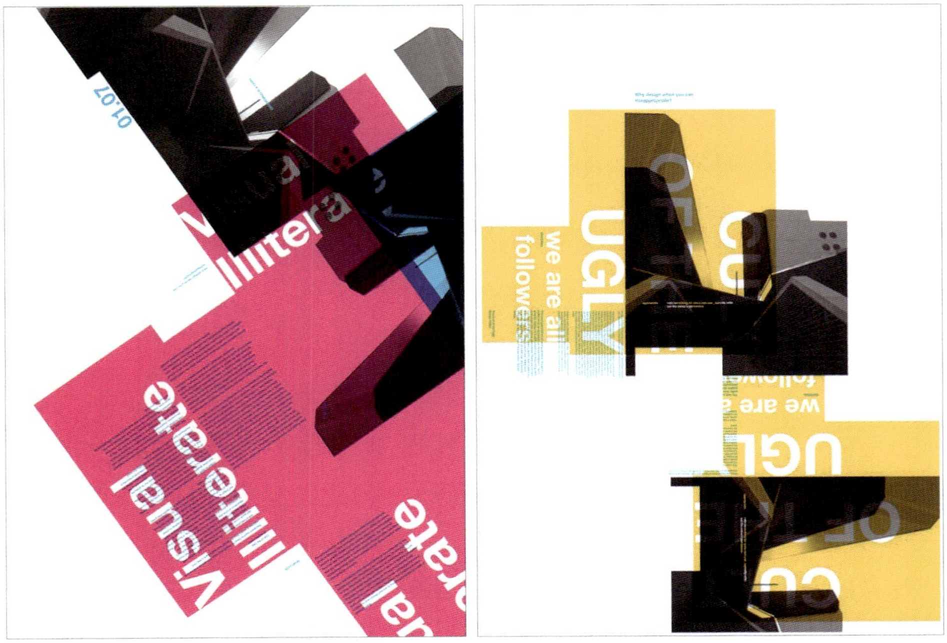

图5-1-5　*The Cult of the Ugly*/Tyler Durden/新西兰

实例二　杂志版式

　　杂志的版式设计通常需要在满足整体版式风格统一的基础上，针对每一篇文章或栏目的内容进行有针对性的设计，因此杂志的版式设计比图书版式更为灵活，并且由于杂志有时效性较强的属性，通常杂志的版面利用率较高，图文丰富，因此在翻阅杂志时会有版面很满、信息很多、内容很丰富的观感，与阅读书籍是完全不同的体验。杂志版式设计的关键在于能够根据杂志本身的类别与面向的读者群把控好杂志整体的版式风格，并能够在统一的网格结构之上，针对不同的文章或栏目进行灵活的变化。

　　*BranD*是一本关于品牌设计的双月刊，中英文双语版面，从杂志的外封到内文的编排都极具设计感（图5-2-1）。

图5-2-1　*BranD*杂志

　　版式在严谨的网格结构中展开，图片有统一的规格，不同的色相通过统一的饱和度来进行调和，使杂志整体的调性统一，醒目的标题和页码设计不但能够快捷地引导读者阅读，还可以起到装饰版面的作用（图5-2-2）。

　　比利时根特卢卡艺术学院视觉传达设计专业的宣传杂志，作为学生作品展示的平台，杂志借用花的元素比喻学生在个人与专业方面的蓬勃发展。每个部分都由篇章页作为分隔，篇章页用醒目的数字与植物形成多种不同的组合形式，在统一中不失变化（图5-2-3）。

图5-2-2　*Flare Talents* 杂志版式/Lukas Diemling/奥地利

图5-2-3　*300 Seeds per Inch*/Thomas van Herck/比利时

　　校刊的设计首先能够彰显学校的气质。该校刊的设计使用了专色印刷，图像也都处理成了单色，再进行专色的填充。整本期刊的色彩控制在3种之内，格调高级，图文处理灵活，设计语言丰富，设计感强（图5-2-4、图5-2-5）。

图5-2-4　*Débranché*洛桑州立高等专科学校半年刊/瑞士

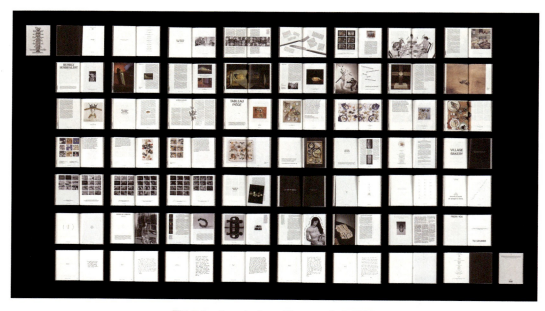

图5-2-5　*Crumbs*/Ayse Sismanoglu/西班牙

实例三　书籍版式

　　书籍整体的形态是由书函、护封、封面、衬页、扉页、目录、篇章页、层级标题、正文、页眉、页码等元素构成的。书籍的版式设计更强调整体的统筹，各元素之间要有环环相扣的默契配合，首先需对书稿内容做统筹规划，分配页面，确定视觉元素的使用，并能够在书籍的不同结构中形成呼应，从而营造书籍的统一风格，在多页面的版面编排设计中还需关注阅读的节奏感与连续性。

　　本书内容讲述了阿姆斯特丹运河的历史、发展和扩建，探索了这座城市的早期发展，从17世纪一直到今天。书稿一共四个部分，介绍了64个项目，书籍的版式设计试图营造杂志式的故事阅读体验，每个项目用撑满版面的数字作为识别，也起到装饰版面的作用，并且与封面上交叉的6、4两个数字形成了内外的呼应（图5-3-1）。

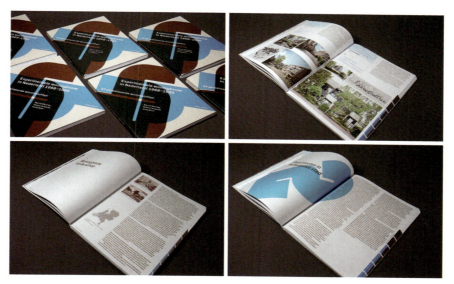

图5-3-1　*Experimental housing in the Netherlands from 1968 to 1980*/Beukers Cholma,Marc Gijzen/荷兰

　　图版由书画和器物组成，在原始文本中，中文、法文同时出现在一个页面上，不但导致内容过多而不能与图版对比后形成文简（轻灰度）图繁（重灰度）的形式之美，也没有尊重阅读连续性，使中文、法文都变成了不连贯的碎片。因此除对照的目录外，中文、法文在本书中被编辑设计成各自能连贯阅读的形式，并用不同纸张、不同色彩予以区别。书画部分的版式左文右图，文本用不同字重字体和多种对齐方式来梳理阅读顺序及营造动静对比。中文论文部分的内容加了法文内容提要，版面中的文字字号的设置都采用了1.2pt的倍率，正文主要为9.6pt，最小的是6pt（图5-3-2）。

图5-3-2 《心在山水：17~20世纪中国文人的艺术生活》/北京艺术博物馆

　　版面中黄色的使用，或用于跨页或单页页面的底色，或作为标题文字的标亮，起到了调和和统一版面调性的作用（图5-3-3）。

图5-3-3 *Swift*/*Bertorello*/Pilar González Bergez/阿根廷

　　一本书的设计从阅读原始的文本，到思考文本之间的关系，再到书籍整体结构的设计，需要花费大量的时间慢慢推敲。《农耕档案》是一本厚厚的史实书籍，在这本书的设计中设计师提出了"分门别类"的概念，将文本分成了"农事、民生、农副、农账、农政"五本分册。

文本之间相对独立，又相互牵连。封面的设计上突出档案的目录（除了总目录在"农事"分册里，所有的目录都直接编排在封面上）和处理过的档案资料，给人乱中有序的视觉感。加上字体设计、分册名的方框、看似随意的落章、压印的苏州码，五本分册放在一起就是一堆档案资料（图5-3-4）。

图5-3-4 《农耕档案》/刘松泰

Artist book是一本介绍艺术家的书，其中介绍安迪·沃霍尔的页面将图像做了色调分离的处理，色彩应用了安迪·沃霍尔作品的色彩，版式的格调迎合了艺术家的风格。图像做了去背处理，使得版面更加自由、开阔（图5-3-5）。

图5-3-5　*Artist book*/Minjeoung Kim/韩国

　　《英韵唐诗百首》是中英双语版式设计，中英文部分分别遵循统一的文本属性和布局，中文标题、中文诗文、英文标题、英文诗文四部分内容形成错落的节奏感（图5-3-6）。

图5-3-6　《英韵唐诗百首》（精）/国学经典英译系列/作者、译者：赵彦春，绘画：王静，书籍设计：刘晓翔

实例四 宣传册版式

　　宣传册通常用于企业、机构或活动的宣传与推广，因此宣传册的设计风格首先要与企业、机构或活动的形象匹配。宣传册的设计要有统筹的思维，把控好整体的风格，并能够在统一的版式基础上做出丰富的变化。

　　大西洋戏剧院是纽约市最具影响力的非百老汇戏剧公司之一，其以大胆的作品闻名于世。设计师Paula Scher为其设计了全新的视觉识别系统，以大西洋的首字母"A"作为识别图形，同时也是聚光灯灯束的具象化。这一图形在剧院的宣传物料上得到了灵活的应用，宣传册的封面直接将这一图形作为版面的主体，简洁明了；内页版式的设计中将该图形或单一或聚集或与图像组合的灵活使用，使宣传册的设计与剧院的形象高度统一（图5-4-1）。

图5-4-1　纽约大西洋戏剧院宣传册/Paula Scher/美国

Cinema Talks是一个年轻的极具创新性的电影节，宣传册用醒目的标题引导阅读，不同的色彩代表电影节不同的部分。版面清晰整洁，有规范的网格结构，页面版式多变且统一（图5-4-2）。

图5-4-2　Cinema Talks 2019电影节宣传册/Lukas Diemling/奥地利

作为建筑艺术设计学院的宣传册，其版式风格注重设计感，封面的矩形线框延续应用在内页的版式中，使封面与内文有统一的形式语言。使用了红蓝两色的专色印刷，色彩的比例在不同的页面有不同的配比，使得在翻阅的过程中有节奏的变化，同时图像也做了去色处理，为宣传册营造了极具设计感的格调（图5-4-3）。

图5-4-4宣传册介绍了宜家的设计师与其代表作品，主色调使用了宜家品牌的标准色，延续了宜家的品牌形象。人物头像都做了灰度的处理，在编排过程中加以色彩的填充，使版面色彩协调统一。作品保留了原色彩，是真实地展示作品的需要。

图5-4-3　圣地亚哥大学建筑艺术设计学院宣传册/Alejandra Amenabar/美国

图5-4-4　*King of IKEA*/韩国启明大学学生作品/韩国

　　图5-4-5是一本介绍芭蕾的小册子，册子的格调彰显着芭蕾的气质，内页以暗色的出血图作为背景，篇章页则是干净的白色背景，有效地区分了不同的篇章，同时也形成了阅读的间奏感。篇章页的序号——两个大大的紧贴在一起又错落着的数字与舞者的形象形成穿插的关系，使版面灵活、充满动感。标题字体采用斜体更能够体现芭蕾优雅的气质，同时版面中贯穿的紫色的点缀色也是营造版面优雅气质的因素。

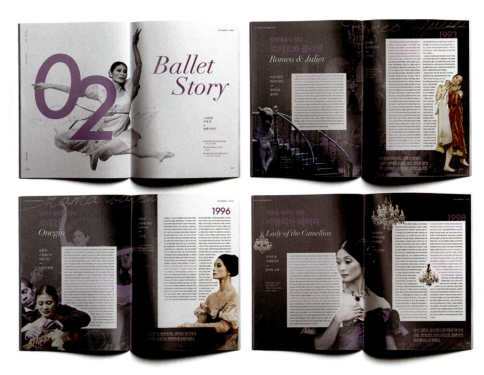

图5-4-5　*Ballerina of The Century*/韩国启明大学学生作品/韩国

　　图5-4-6将毕业论文设计成8开的册子，版面的层级关系清晰，较高的文字跳跃率使版面具有较强的视觉张力。亮黄色作为版面的点缀色贯穿所有页面，整个册子在保持统一风格的前提下能看到每一个页面的变化。

图5-4-6　*Orientierung im Raum*/Lukas Diemling/奥地利

图5-4-6 *Orientierung im Raum*/Lukas Diemling/奥地利

实例五　界面版式

　　界面设计虽属于数字媒体领域，但版式设计的一般原理是相通的，数字媒体与印刷媒体的差别在于用户体验。对于用户界面来讲，每一个页面的存在都是为了完成一个交互流程，获取信息的时效性尤为重要，因此界面的版式相对紧凑、易读。多信息层级的界面设计要求层级的区分更加明显，以减少用户误操作的概率。界面版式风格的营造和印刷媒体是一样的，同样都是文字、图形、色彩三大要素的协调配合。

　　Web端与手机端的界面设计保持了统一的风格，醒目的大字与高饱和度的纯色色块的叠加强化了版面的视觉冲击力，版式时尚、大气（图5-5-1）。

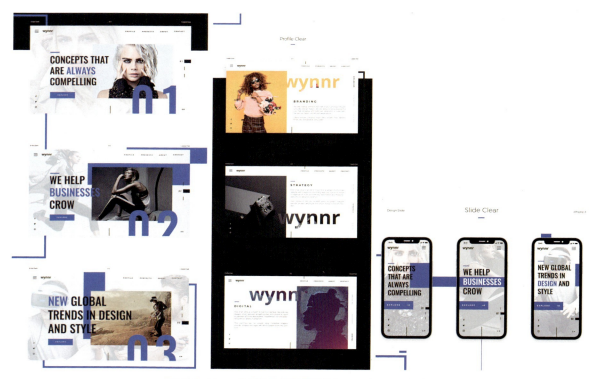

图5-5-1　Wynnr网页&手机界面设计/Manuel Rovira/西班牙

　　在印刷媒体的版式设计中，网格系统并不是一以贯之的，比如海报、DM单页的设计中使用网格的优势并不十分明显，但在界面设计中网格系统的使用便显得尤为重要。网格系统不仅在界面设计过程中可以让信息整齐有秩序地呈现，同时也极大地提升了程序开发的效率。这一组Web端的界面版式中能够看到清晰的网格结构，图文编排整齐有序。色彩在明度上做了统一的调和，使得版式的风格清新、温和（图5-5-2）。

图5-5-2　L'Boulevard首页&产品页/Vladimir Babic/法国

　　Piedra是一个在线传播项目，旨在将考古学和大众文化融合在一起，将古迹融合在21世纪的广告、电视、音乐、电影和时装等中。通过当代幽默的方式来解释历史，试图与年轻的观众建立联系。版式的设计古朴中彰显时尚，极具风格（图5-5-3）。

图5-5-3　Piedra手机界面设计/Carles Rodrigo/西班牙

reMarkable是一本在线数字杂志，版面的风格结合了杂志与数字媒体的特点，图像的处理与配色格调高级，文字的美感与阅读舒适度皆佳（图5-5-4）。

图5-5-4　*reMarkable*/Eirik Eriksen/挪威

介绍柏林城市文化的App界面，运用报纸版面的风格进行界面设计，界面的信息通过高跳跃率的文字拉开层级关系，从而有效地引导阅读。单黑的色彩彰显着柏林这座城市沧桑的历史和冷静与理性的气质（图5-5-5）。

图5-5-5　"城市文化——柏林"界面设计/Hrvoje Grubisic/克罗地亚

SIBMET是一家经营有色金属的公司，公司业务分为贵金属精炼和首饰两部分，公司页面的设计中将两部分分别用黑白两色来区分，标题字体使用了经典的衬线体Baskerville，阅读字体使用了同样经典的Helvetica。界面风格雅致，与贵金属的气质匹配（图5-5-6）。

图5-5-6　SIBMET公司界面/Kirill Kim/俄罗斯

实例六　展板版式

展板与海报同为以张贴的形式进行信息传播的载体，在设计过程中都需要考虑张贴环境与视距。与海报不同的是，展板传达的信息更为具体，是大体量的信息内容的整合，其首要任务是信息的传达，因此展板信息传达的功能性要求较高，艺术表现的空间相对较小。展板没有常规的尺寸，通常根据张贴环境进行个性化的设定。在进行展板设计时，首先需对展板的信息内容进行层级梳理，根据展板的规格分配版面。

展示设计作品的展板需要将设计内容完整地呈现在一个平面上，该作品将主设计效果图放置在展板顶端，奠定了展板的基调，不同的内容模块通过字母来引导阅读，模块内的小标题再由数字进行引导，信息层级清晰，视觉流程的引导符合逻辑。个别模块添加了波点背景，增添了童趣，迎合了设计项目的气质。版面中信息图形的使用也使得信息的传达更为直观、快捷（图5-6-1）。

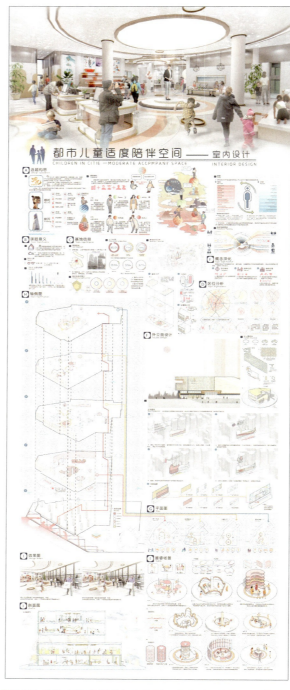

图5-6-1　都市儿童"适度陪伴"建筑空间改造设计项目展板/作者：施俊杰，上海建桥学院/指导老师：彭媛媛

展板的版头运用蒙太奇的手法将几个不同时期的场景组合在一起，既巧妙地展示了项目的背景，又为展板营造了浓郁的艺术气息。版面中的红色作为标记也为版面起到了点缀的作用，展板的设计内容完整，版面内容的组织清晰、有序，视觉流程的引导流畅，色调和谐（图5-6-2）。

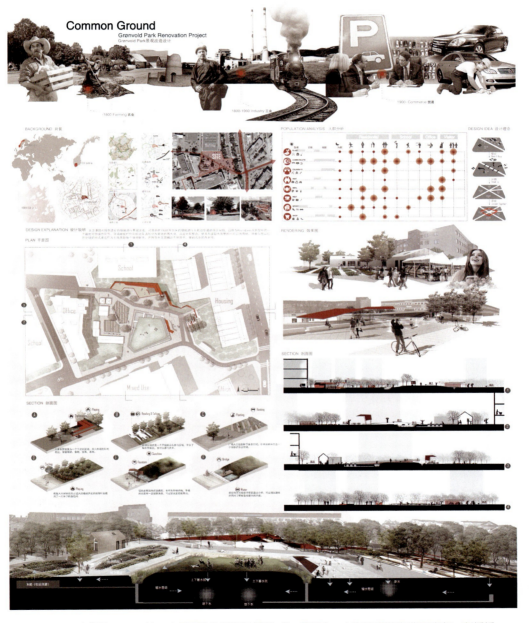

图5-6-2　奥斯陆Grønvold Park景观改造设计展板/作者：薛翎宁，上海建桥学院/指导老师：彭媛媛

　　展板的设计需要将展示的内容按信息阅读的逻辑顺序进行规划，在设计版面时要从视觉上引导阅读。两张展板需要承载的信息繁杂，需要前期对版面做合理的规划，并需要将设计方案清晰详尽地展示出来（图5-6-3、图5-6-4）。

　　Wir stellen den BDA aus是由德国建筑师协会主办的展览，展览介绍了22个建筑事务所，每个事务所用一张展板进行介绍和展示，每一张展板的编排都遵循了统一的网格结构，版面简洁、清晰（图5-6-5）。

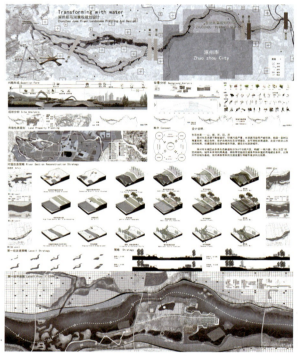
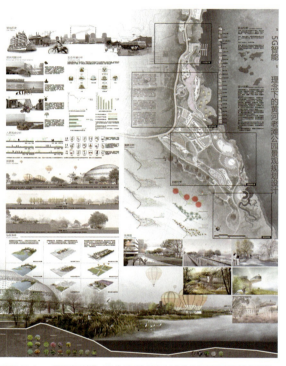

图5-6-3　涿州拒马河景观规划设计展板/作者：沈樱瑛，上海建桥学院/指导老师：彭媛媛

图5-6-4　"5G智能"理念下的黄河老滩公园景观规划设计展板/作者：程媛，上海建桥学院/指导老师：彭媛媛

图5-6-5　Wir stellen den BDA aus展览设计/zwo/elf设计事务所/德国

　　将展板设计成可以灵活拼插的模块，两个模块展板之间互为支架，展板数量可根据内容的体量而增减。在这个展览中，将三个展板作为一个模组来展示一个建筑案例，版面的编排保持统一的风格，根据展板的形态来规划版面布局（图5-6-6）。

图5-6-6　Europan 11 建筑设计展展板设计/法国

参考文献

[1] 〔日〕佐佐木刚士. 版面设计原理[M]. 北京：中国青年出版社，2007.

[2] 〔日〕甲谷一. 日本版面设计原理[M]. 景瑞琴，译. 上海：上海人民美术出版社，2016.

[3] 〔日〕田中久美子，〔日〕原弘始，〔日〕山田纯也. 版式设计原理 案例篇 提升版式设计的55个技巧[M]. 北京：中国青年出版社，2015.

[4] ArtTone视觉研究中心. 版面设计从入门到精通[M]. 北京：中国青年出版社，2012.

[5] 〔英〕加文·安布罗斯，〔英〕保罗·哈里斯. 版面设计完全手册[M]. 2版. 黄舒梅，译. 北京：中国青年出版社，2017.

[6] 〔瑞士〕约瑟夫·米勒·布罗克曼. 平面设计中的网格系统[M]. 徐宸熹，张鹏宇，译. 上海：上海人民美术出版社，2016.

[7] 〔日〕佐佐木刚士. 版面设计全攻略[M]. 暴凤明，译. 北京：中国青年出版社，2010.

[8] 王绍强. 版式创意大爆炸 全球最新版式设计趋势与案例[M]. 于添，译. 北京：中国青年出版社，2016.

[9] 朱珺，毛勇梅. 字体与版式设计[M]. 北京：中国轻工业出版社，2015.

[10] 善本图书出版有限公司. 今日版式：平面设计中的图文编排[M]. 武汉：华中科技大学出版社，2017.

[11] 善本图书出版有限公司. 今日色彩：商业设计中的色彩搭配[M]. 武汉：华中科技大学出版社，2018.

[12] 梁景红. 写给大家看的色彩书1 设计配色基础[M]. 北京：人民邮电出版社，2011.

[13] 梁景红. 梁景红谈色彩设计法则[M]. 北京：人民邮电出版社，2015.